全球大气观测计划(GAW)第 227 号报告
世界气象组织第 1177 号

U0824169

世界气象组织/全球大气观测计划(WMO/GAW)气溶胶观测程序、指南及建议

（第二版）

世界气象组织 编著
张晓春　李雅楠　黄　潇 等 译

气象出版社
China Meteorological Press

This work was originally published by the World Meteorological Organization, Geneva, and is translated by permission.
Copyright © 2016. World Meteorological Organization.
Translation by the China Meteorological Press copyright © 2020. For copyright reasons this edition is not available outside China.

The presentation of material therein does not imply the expression of any opinion whatsoever on the part of the WMO concerning the legal status of any country, area or territory or of its authorities, or concerning the delimitation of its borders.

The responsibility for opinions expressed in signed articles, publications, studies and other contributions rests solely with their authors, and their publication does not constitute an endorsement by the WMO of the opinion expressed in them.

Reference to names of firms and commercial products and process does not imply their endorsement by the WMO, and any failure to mention a firm, commercial product or process is not a sign of disapproval.

This publication is a translation undertaken by China Meteorological Press with permission from WMO, the publisher of the original text in English. WMO does not guarantee the accuracy of the translation for which Zhang Xiaochun takes sole responsibility.

图书在版编目(CIP)数据

世界气象组织/全球大气观测计划(WMO/GAW)气溶胶观测程序、指南及建议 ：第二版 / 世界气象组织编著；张晓春等译. --北京：气象出版社，2020.12

ISBN 978-7-5029-7102-1

Ⅰ. ①世… Ⅱ. ①世… ②张… Ⅲ. ①气溶胶-大气探测-指南 Ⅳ. ①P41-62

中国版本图书馆 CIP 数据核字(2019)第 295633 号

Shijie Qixiang Zuzhi/Quanqiu Daqi Guance Jihua(WMO/GAW)Qirong Jiao Guance Chengxu、Zhinan Ji Jianyi

世界气象组织/全球大气观测计划(WMO/GAW)气溶胶观测程序、指南及建议

出版发行：气象出版社
地　　址：北京市海淀区中关村南大街 46 号　**邮政编码**：100081
电　　话：010-68407112(总编室)　010-68408042(发行部)
网　　址：http://www.qxcbs.com　**E - mail**：qxcbs@cma.gov.cn
责任编辑：王萃萃　**终　　审**：吴晓鹏
责任校对：张硕杰　**责任技编**：赵相宁
封面设计：楠竹文化
印　　刷：北京建宏印刷有限公司
开　　本：787 mm×1092 mm　1/16　**印　　张**：6
字　　数：154 千字
版　　次：2020 年 12 月第 1 版　**印　　次**：2020 年 12 月第 1 次印刷
定　　价：35.00 元

本书如存在文字不清、漏印以及缺页、倒页、脱页等，请与本社发行部联系调换。

本报告代替全球大气观测第153号报告

声　明

WMO出版物中使用的名称和本出版物中的材料的表述方式，并不代表WMO秘书处对各国、领土、城市或地区、当局的法律地位或对其边界划分的观点立场。

WMO出版物中的观点是作者的观点并不代表WMO。提及的具体公司或产品与未提及或未刊登广告的同类公司或产品相比，并不表示前者得到了WMO的赞同或推荐。

本报告未经正式编辑。报告中使用的缩略语详见WMO术语数据库“METEOTERM”：http://www.wmo.int/pages/prog/lsp/meteoterm_wmo_en.html。

也可查询：http://www.wmo.int/pages/themes/acronyms/index_en.html。

中文版前言

大气气溶胶是指液体或固体颗粒均匀地分散在大气中形成的相对稳定的悬浮体系，是地球—大气—海洋系统的重要组成部分。大气气溶胶具有重要的环境效应，能够吸收和散射太阳辐射，可直接参与大气中云、雨的形成与大气的沉降过程等，对天气、气候、生态、环境、人体健康以及对社会经济活动等方面都有着极为重要的作用和影响，尤其是区域气溶胶污染问题等，引起了世界各国的极大关注。但由于气溶胶理化特性的复杂性，对于大气气溶胶的时空分布、变化特征及其组成、结构和物理、化学等特性，以及其对天气、气候的影响等方面还存在着许多不确定性，有许多未知的机制、机理还有待于进一步的研究。

大气气溶胶是世界气象组织/全球大气观测计划（WMO/GAW）所关注的六个重点领域（气溶胶、温室气体、反应性气体、臭氧、紫外辐射、大气沉降）之一，世界各国也相继开展了气溶胶质量浓度、数浓度谱、光学特性以及化学成分等采样和/或在线观测，以期提高气溶胶对天气、气候和空气质量等影响的认识。WMO/GAW 的观测网由全球站点、众多的区域站点和贡献网络站点组成，涵盖了不同类型的气溶胶，包括清洁的、污染的、大陆的、海洋的、极地的以及沙尘、生物质燃烧和自由对流层颗粒物等；各观测站点所用的观测方法、观测设备以及观测规定等不尽相同。因此，为确保各区域和国家机构在全球范围内所开展的气溶胶观测具有较好的一致性、可比性和准确性，并提高全球气气溶胶观测数据的质量，WMO/GAW《气溶胶观测程序、指南及建议》以全球和区域大气本底监测站开展的气溶胶观测为基础，对 WMO/GAW 长期以来的气溶胶观测经验等进行了系统的总结，重点介绍了气溶胶采样技术、化学成分测量、辐射特性测量、数浓度和粒径分布、云凝结核、光学厚度、气溶胶激光雷达观测等技术；同时也介绍了 WMO/GAW 的数据归档程序、文件格式等内容。在每一章后部，都附有部分参考文献，以便读者更好理解和应用本手册。

参加本书编译工作的有 10 位同志，主要分工是：前言，李雅楠、张晓春；第 1 章，李雅楠、荆俊山、张晓春；第 2 章，刘雯、李雅楠、王垚、于丽萍、黄潇；第 3 章，贾小芳、刘雯、王垚、于丽萍、黄潇；第 4 章，王垚、李雅楠、贾小芳、于丽萍、张晓春；第 5 章，吕珊珊、荆俊山、刘雯、张晓春；第 6 章，荆俊山、贾小芳、李雅楠、于丽萍、张晓春；第 7 章，吕珊珊、刘雯、黄潇、张晓春；第 8 章，赵亚南、黄潇、吕珊珊、荆俊山、于丽萍；第 9 章，赵亚南、李雅楠、黄潇；附录 A，赵亚南、黄潇。张晓春、李雅楠、黄潇负责全书校对补充、整理和审校。

在本书的编译、出版过程中，有关专家和工作人员付出了辛勤的劳动，在此特向参与翻译、编辑出版的各位专家和工作人员，表达诚挚的感激和谢意。

尽管译者从事气溶胶观测等工作多年，但近年科学技术发展迅速，本书涉及面广，专业较多，译者颇感水平有限，加之时间紧迫，翻译疏漏欠妥之处恐难避免，尚望广大读者不吝赐教和指正。

译者
2019 年 10 月

前　　言

受大气科学委员会(CAS)及其环境污染和大气化学科学指导委员会(EPAC SSC)的启发,世界气象组织(WMO)执行理事会高度重视提高全球大气观测(GAW)的观测质量和空间覆盖率。为便于实施GAW气溶胶观测计划,解决与气候有关的问题,以及空气质量问题,WMO气溶胶科学咨询组(SAG Aerosol)于1997年成立。特别是在发展中国家,区域气溶胶污染问题经常引起关注。气溶胶科学咨询组意识到,为解决气候和区域环境问题而进行的测量可能经常涉及一些共同的方法。

气溶胶科学咨询组主要是起草观测指南,即为可兼容的观测、标校质量保证和通用程序、数据分析和数据存档提出一些标准。本报告于2003年出版第一版,此版是指南的第二版。

WMO有组织气溶胶观测的历史,正如其在全球推广观测站所反映的那样,1986年(WMO/GAW第43号报告)和1994年(WMO/GAW第101号报告)的研讨会特别关注气溶胶光学厚度(AOD)。报告将扩展AOD观测指南使之不只包括AOD,还包括全球需要的气溶胶的光学、物理和化学测量的一个全面清单。它将为那些参与发展用于进行气候和大气成分研究的综合全球气溶胶测量系统的人提供帮助。作为一份变化的技术文件需要根据新的科学技术发展进行更新和修订。由于本报告在印刷后可能无法跟上测量技术的进步,建议用户在SAG Aerosol网站上查看对本报告的更新。以下网址可以找到报告的最新更新:

http://www.wmo-gaw-wcc-aerosol-physics.org/wmo-gaw-reports.html。

本报告具体制造商和仪器型号的提及并不意味着WMO或本报告的作者认可。

对本报告做出贡献的WMO/GAW气溶胶科学咨询组的现任和前任成员如下:

姓名	机构	国家
Urs Baltensperger 教授	谢勒研究所保罗大气化学实验室	瑞士
Angela Benedetti 博士	欧洲中期天气预报中心	多个国家
Markus Fiebig 博士	挪威空气研究所 世界气溶胶数据中心	挪威
Thomas Holzer-Popp 博士	德国航空航天中心 世界遥感数据中心	德国
Stefan Kinne 博士	马克斯-普朗克气象研究所	德国
Paolo Laj 博士(主席)	CNRS-格勒诺布尔-阿尔卑斯大学,环境地球科学研究所	法国
Shao-Meng Li 博士	加拿大环境部空气质量研究院	加拿大
John A. Ogren 博士	美国国家海洋大气局,地球系统研究实验室,全球监测部	美国

Gelsomina Pappalardo 博士	Ambientale, I. M. A. A. -C. N. R. 分析方法研究所	意大利
Andreas Petzold 博士	对流层能源和气候研究所	德国
Nobuo Sugimoto 博士	国立环境研究所	日本
Christoph Wehr 博士，Stelios Kazadzis 博士	Physikalisch 气象台，世界辐射中心，世界光学厚度研究和标校中心	瑞士
Alfred Wiedensohler 教授	莱布尼茨对流层研究所，世界气溶胶物理标校中心	德国

提供审稿和额外专业知识的人员包括：

Jean-Philippe Putaud 博士	欧盟委员会联合研究中心	意大利
Lin Huan 博士	加拿大环境部空气质量研究院	加拿大
Min Hu 博士	北京大学环境研究与工程学院	中国
Sang-Woo Kim 教授	首尔国立大学地球与环境科学学院	韩国

目　　录

1 引言

全球大气观测(GAW)计划的目标是确保长期测量,以检测空气中化学成分的全球分布趋势及其原因(WMO,2001a)。关于气溶胶,GAW 的目标是在年代际时间尺度上,以及区域、半球和全球空间尺度上,确定与气候强迫和空气质量有关的气溶胶特性的时空分布。GAW 第 153 号报告(2003 年版)提供了 GAW 观测网推荐的气溶胶变量的综合观测方法和程序。该报告已被科学界广泛使用,特别是参与地面站点数据生成的科学家和工程师。对于气溶胶对气候和空气质量影响的认识,以及用于确定在地面站点观测气溶胶的基本变量的技术在过去 10 年中都有了相当大的进步,这促使了 GAW 第 153 号报告的更新。

本更新是在政府间气候变化专门委员会第一工作组报告(IPCC,2013)发布后不久编写的。自 1992 年以来 IPCC 报告首次明确强调了从观测中分析气候变化的证据,即重点发展可用于全球和区域尺度模式的长期、高质量观测记录。卫星和地面观测为获得更可靠的数据记录也都被进行了明确的评估,然而,虽然提高观测能力在过去几十年中受益很多,本报告仍然强调了维持和提高能力的必要性以提供更多的约束,特别是用于反演趋势。

无论过去还是现在,气溶胶和云仍然是估计和解释地球气候的最大不确定因子。实际上,就气溶胶单独而言,气溶胶辐射强迫的大小被估计为－0.45(－0.95～＋0.05)W/m^2;当考虑气溶胶或云反馈时,气溶胶辐射强迫的大小被估计为－0.9(－1.9～－0.1)W/m^2,两者都有中等信度水平。尽管对与气候相关的气溶胶形成过程取得了更加实质性的了解,比如新粒子和二次有机气溶胶形成机制,或是气溶胶源解析,但不确定性仍然很高。人为排放的实质影响也可以更好地量化为对光学深度或云凝结核浓度变化的贡献。

目前观测到气溶胶总量呈现一致的重点区域性变化特征:自 20 世纪 90 年代中期以来,欧洲和美国东部的气溶胶总量明显减少;相反,过去 10 年中东亚和南亚的增幅明显增加(Asmi et al.,2013; Collaud Coen et al.,2013)。尤其在欧洲和北美,为更好地整合数据生成系统,这些新的成果是结构化尝试的直接产物开始于 10 多年前,并且向整个科学界传播。在世界其他地方,由于缺乏固定观测点,观测时间序列不能够获得任何满足统计意义的长期趋势。资料缺乏,加上年际变化很大,载荷粒子的区域不均匀性以及现有记录时间跨度有限,依旧限制了气溶胶长期趋势的确定。

最新研究强调,气候引起的反馈可能导致气溶胶/云气候强迫的放大或抑制,这一认识正导致更为复杂的局面即部分解释为什么强迫估计的不确定性仍然很高。气候变化,主要通过温度升高和降水变化改变产生原生和二次气溶胶的物理、化学和生物机制,因此有可能产生重要的气候反馈。对自然过程来说,到 21 世纪末气候引起的反馈量化可能高达＋1 W/m^2(Carslaw et al.,2010)。同时,为改善空气质量,加强对人为排放的监管,这将对颗粒物总量产生影响,至少在区域范围内影响强迫。因此,当气候变化加上空气质量法规,在非常复杂的耦合系统中驱动因子的数目将会增加(Monks et al.,2009; Fowler et al.,2010,Isaksen et al.,2009)。气溶胶的输送和沉降可以确定探测气溶胶长期趋势以及气候变化预测反馈,这些资料的准确性在未来很有必要。

因此,本报告强烈建议,为量化和理解当前的大气扰动使之趋于建立可持续发展的体系,要追求并进一步发展观测,其中GAW是必不可少的支柱。目前,WMO的GAW网络由28个全球站点和众多区域站点组成,涵盖不同类型的气溶胶,包括:清洁和污染的、大陆的、海洋的、北极的、沙尘的、生物质燃烧的和自由的对流层颗粒。数据集中在世界气溶胶数据中心(WDCA),由挪威空气研究中心(NILU)托管,面向整个科学界开放。

GAW的气溶胶科学咨询组推荐发展全球地面站点组成的气溶胶观测网(见WMO/GAW第207号报告),并确定一份复杂的气溶胶测量清单在一些站点开展观测,在更多数目的站点内进行部分核心测量。GAW全球站点应该尽可能多地测量清单中的要素,GAW区域站点和参与贡献的伙伴观测网络站点将测量较少部分的关键气溶胶要素以完成全球范围内的覆盖。

表1.1　GAW气溶胶科学咨询组推荐的在全球站网进行长期观测的气溶胶测量清单

连续测量
柱浓度和廓线:
气溶胶光学厚度(多种波长)
气溶胶后向散射系数垂直廓线
气溶胶粒子消光系数垂直廓线
光学特性:
粒子光散射系数(多种波长)
粒子半球后向散射系数(多种波长)
粒子光吸收系数(多长波长)
物理特性:
粒子数浓度(分粒径)
粒子数浓度尺度谱
粒子质量浓度(两个粒径尺度)
云凝结核数浓度(在多种过饱和度下)
化学特性:
粒子主要化学成分质量浓度(两个粒径尺度)
间歇或连续测量
不同粒径的化学成分
湿度对气溶胶特性的影响

推荐的测量气溶胶变量的方法和程序在后面的章节中介绍。由于现在不仅可以使用更多的先进的仪器,而且科学界允许为观测开发更适合的操作程序,使得测量气溶胶变量的方法和程序自2003年以来一直在发展。于是,与2003年相反,GAW气溶胶科学咨询组现在能为几乎所有表1.1所列建议的气溶胶测量推荐标准操作规程。技术问题,如样品的获取和处理以及现场观测(近实时、历史和辅助观测),分析和预报,产品生成、分发、存档,决策支持工具制作以及数据在气候化学模式中的使用在未来都将是非常重要的。显然,技术正在发展,目前研究的设备可能会在未来应用于业务监测(Laj et al.,2009)。在一些监测站点,人们正在用气溶胶质谱仪进行在线气溶胶化学测量,或用炽热技术进行单颗粒耐热黑碳测量。然而,为使GAW中的这些测量可以实施,需要标准操作规程和数据格式化建议,而在

信息扩散之前，这些都不存在。

提高数据质量并加强科学界的应用是GAW的一个重要目标。在这种情况下，建议台站操作人员与世界校准中心（WCC），特别是与由德国莱比锡莱布尼茨对流层研究所（TROPOS）主办的气溶胶物理特性世界标校中心（WCCAP），由瑞士达沃斯气象观测台/世界辐射中心（PMOD/WRC）主办的世界光学厚度研究和标校中心（WORCC）合作。GAW的规划路线是建立额外的世界标校中心，尤其是在气溶胶化学特性方面，以保证GAW观测站点观测数据的质量。

GAW中的全球的、区域的和参与贡献伙伴的观测网络站点的核心是参与的组织愿意汇集他们的观测数据，并使之公开使用。GAW参与者竭力提供精确、准确和及时的气溶胶观测参数，见表1.1。为了实现这一点，并且作为对用户群体有重要价值的信息，世界气溶胶数据中心获得的数据应具备如下特征：

1）应该可追溯到原始的观测数据。这需要维护存档的原始数据，以及针对提交给世界气溶胶数据中心经过处理的数据序列保存其数据处理方法的历史记录。这样的存档通常是参与组织的责任，然而，当数据丢失时，世界气溶胶数据中心可以作为“最后一手档案”提供有限的帮助。

2）应已知数据质量，通常需要世界标校中心或者某一特定项目提供的内部比对试验。

3）应包括用户所需的所有信息，以便合理地使用数据并符合世界气象组织信息系统拟订的数据格式。不同的参与者可以使用不同的方法来测量单个参数，这在像GAW这样的组织中尤为重要。他们应为提交数据的参与者设立一个联系点，这有助于理智使用数据并帮助用户识别参与者的工作。

GAW气溶胶数据分析和综合活动的长期目标是与GAW全球和区域站点以及合作伙伴网络和卫星监测机构制作一套综合的全球气溶胶观测资料。这是根据1998年由卫星和非卫星观测机构及组织成立的综合全球观测战略（IGOS）进行的。IGOS-IGACO报告（2004年）也对此进行了描述。

最后，运行气溶胶观测系统最必要的因素通常与教育和培训相关。建立提供高质量信息的人力资源，确保在国家/国际政策框架内有效使用数据或应对新的科学挑战，需要保持和发展适当水平的科学和技术专长，特别是与GAW相关的数据提供、储存和分发。这当然是未来最具挑战性的任务之一。

参考文献

Asmi A, Collaud Coen M, Ogren J A, et al, 2013. Aerosol decadal trends-Part 2: In-situ aerosol particle number concentrations at GAW and ACTRIS stations[J]. Atmospheric Chemistry and Physics, 13: 895-916, doi: 10.5194/acp-13-895-2013.

Carslaw K S, Boucher O, Spracklen D V, et al, 2010. A review of natural aerosol interactions and feedbacks within the Earth system[J]. Atmospheric Chemistry and Physics, 10: 1701-1737, doi: 10.5194/acp-10-1701-2010.

Collaud Coen M, Andrews E, Asmi A, et al, 2013. Aerosol decadal trends-Part 1: In-situ optical measurements at GAW and IMPROVE stations[J]. Atmospheric Chemistry and Physics, 13: 869-894, doi:

10. 5194/acp-13-869-2013.

Fowler D, Pilegaard K, Sutton M A, et al, 2010. Atmospheric composition change: Ecosystems-Atmosphere interactions[J]. Atmospheric Environment, 43(33): 5193-5267.

IGOS-IGACO, 2004. Integrated Global Observing Strategy for the Monitoring of the Environment from Space and from Earth, ESA SP-1282, GAW Report No. 159, WMO TD No. 1235[M]. World Meteorological Organization: 68.

IPCC, 2013. Climate Change 2013: The Physical Science Basis[M]//Stocker T F, Qin D, Plattner G K, et al. Working Group I contribution to the Fifth Assessment Report of the Intergovernmental Panel on Climate Change. United Kingdom and New York, NY, USA: Cambridge University Press, Cambridge: 1535.

Isaksen I S A, Granier C, Myhre G, et al, 2009. Atmospheric composition change: Climate-Chemistry interactions[J]. Atmospheric Environment, 43(33): 5138-5192.

Laj P, Klausen J, Bilde M, et al, 2009. Measuring atmospheric composition change[J]. Atmospheric Environment, 43: 5351-5414, doi: 10. 1016/j. atmosenv. 2009. 08. 020.

Monks P S, Granier C, Fuzzie S, et al, 2009. Atmospheric composition change-global and regional air quality [J]. Atmospheric Environment, 43(33): 5268-5350.

WMO, 2001a. Strategy for the Implementation of the Global Atmosphere Watch Programme (2001-2007), A Contribution to the Implementation of the Long-Term Plan: WMO TD No. 1077, GAW Report No. 142 [M]. Geneva, Switzerland: World Meteorological Organization.

WMO, 2001b. Global Atmosphere Watch Measurements Guide: WMO TD No. 1073, GAW Report No. 143 [M]. Geneva, Switzerland: World Meteorological Organization.

WMO, 2012. Recommendations for a Composite Surface-Based Aerosol Network, European Network of Networks (ENAN) Workshop, Emmetten, Switzerland, 28-29 April 2009: 66, GAW Report No. 207[M]. Geneva, Switzerland: World Meteorological Organization.

2 采样技术及注意事项

有许多与采样技术有关的问题需要注意。以下诸节讨论了与颗粒物粒度分离和进气口、采样介质和方法、采样设置、流量测量和采样频率有关的问题。一个理想的气溶胶采样系统应能：

- 去除水汽在气溶胶采样过程中的影响；
- 提供扩散和惯性损失都最小的有代表性的环境气溶胶样品；
- 提供在较低相对湿度(<40%)条件下的气溶胶颗粒；
- 使挥发性颗粒物的蒸发最小化。

在这部分中，我们提供适用于全球和区域 GAW 站大多数气溶胶分析仪及采样器的通用采样注意事项的指南。用于气溶胶采样的进气口，应满足一定的设计指南，以使不受干扰的气溶胶能被传送到采样器或测量仪器中。进气系统的目的是向现场实验室的各种气溶胶分析仪和采样器，提供具有环境大气代表性，但处于受相对湿度控制下的气溶胶样品。之所以进行湿度控制，是因为相对湿度对于大多数大气中可悬浮颗粒物的粒径有强烈影响。排除降水的影响也是必要的，对于经常被云笼罩的台站，在采样时应特别小心。最常见的装置包括一个室外的气溶胶进气口、若干平滑的输送管道、一个用于干燥气溶胶采样气流的调节装置，以及用于在各种仪器和采样器之间分配气溶胶的最终分流器。气溶胶仪器一般应安装在一个能提供清洁的实验室环境和 15～30 ℃温度的房间内。最佳的室内温度范围是 20～25 ℃。

2.1 进气口设计

对于仪器测量，样品空气应通过一根配有进气口的垂直进气管，抽入实验室内，进气口应有足够的距地高度以最小化局地的影响。对于周围没有障碍性的植被、地形或建筑物等的站点，建议进气口的最低高度是高于实验室的屋顶 2 m。然而，对于有障碍物遮挡的站点，进气口的高度可能需要更高一些，以避免周围环境的影响。如果可能的话，采样的进气管应穿过实验室的屋顶引入。如果不能这样引入，那么平缓弯曲的进气管也是可以接受的。因为大气痕量气体分析仪对进气口的要求可能与气溶胶进气口不相容，因此，通常需要一根专门用于气溶胶采样的进气管。

气溶胶采样需要一个全方位、高效的进气口。换言之，它应不随风向或风速变化且具有较高的气溶胶传输效率。这可以通过在垂直的进气管顶部安装一个可以防止毛毛雨、雨和雪的罩子来实现。在环境大气条件下，进气口处颗粒物的切割直径应是 10 μm 的空气动力学直径。

在极端气候条件下的测量，应考虑一些替代的进气口设计。经常遇有云、雾或结冰的采样点,可能更适宜使用加热整个进气口的方式来捕获样品中的云和雾滴。对于那些有10%以上的时间沉浸被云笼罩的台站,在高寒山区通常会遇到这种情况,建议采用这种进气口。图2.1所示的是一个加热整个进气口的示意图,这个示意图是基于Weingartnert等(1999)和Wiedensohler等(2014)描述的瑞士少女峰站的进气口的设计。加热功能避免进气口被冰堵塞。在进气口内部,云和雾的液滴被蒸发,从而使所有的气溶胶颗粒,无论是活化的还是未活化的,都将被测量。对于这样一个整体的进气口,最好是仔细研究一下环境风速和其粒度切割特性变化之间的关系。

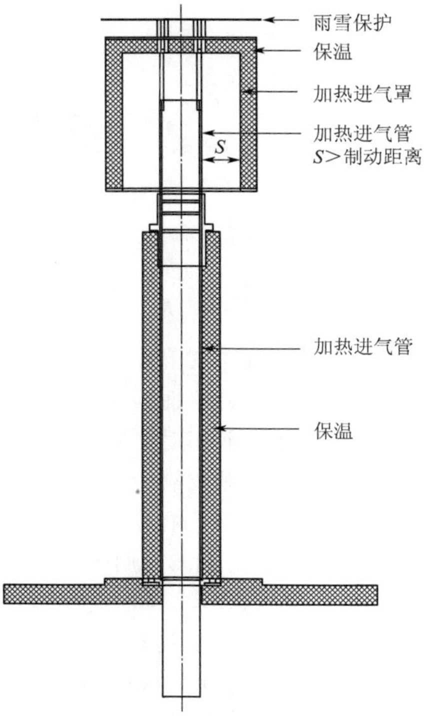

图2.1　整体的进气口示意图

2.2　粒径切割

气溶胶进气口的切割粒径和距地的高度,通常视观测网的测量目的而确定。目前,使用最广泛的是PM_{10}、$PM_{2.5}$或$PM_{1.0}$切割器,在环境大气条件下,空气动力学切割直径的上限分别为10 μm、2.5 μm和1.0 μm。这些进气口用撞击式或旋风式切割器实现对颗粒物的分离。

在环境大气条件下,像WMO/GAW这样的观测网络,推荐的切割上限是10 μm(WMO/GAW第153号报告)。理由是,大于10 μm的颗粒物往往来源于本地,因此,不能代表区域尺度的气溶胶及其对气候效应的影响。相较而言,TSP(总悬浮颗粒物)的进气口对风速较为敏感,不能提供较大颗粒的代表性样品。为获得附加的粒子大小的信息,WMO/GAW建议使用2.5 μm(环境大气条件下)或1.0 μm(干燥条件下)的空气动力学切割器来区分细颗粒物和粗颗粒物。欧洲监测与评估计划(EMEP)、欧洲大气气溶胶研究超级站(EUSAAR)以及气溶胶、云和痕量气体研究基础设施网络(ACTRIS)都采用了WMO/GAW第153号报告的建议。

2.3　管路和分流器

在观测站内,通常会将气溶胶的气流分配给几台仪器。对于气溶胶颗粒物,在管路选择和流量分配装置设计方面要十分谨慎。传输气溶胶的管路应用金属(最好是不锈钢)制成。就颗粒物采样而言,所用管路由导电的材料制成并接地是至关重要的。否则,静电荷可能会去除待采样气溶胶中的重要部分。管路中较短的管件可以用导电的硅胶管代替,它既有弹性又有导电性。正确安装进气口,要尽量避免湍流源(弯曲、接头)的影响(湍流扩散会增大颗粒物的损失),并使采样管线(路)尽可能短。

图 2.2 给出了一个专门设计的等速分流器的示意图。其中，样品的流速接近主气流的流速。这个分流器的另一个重要特性是：样品是从气溶胶主气流的核心而不是从靠近主管路管壁的气流中取出。这种原理确保了采样的代表性，特别是粗颗粒物和纳米颗粒物。

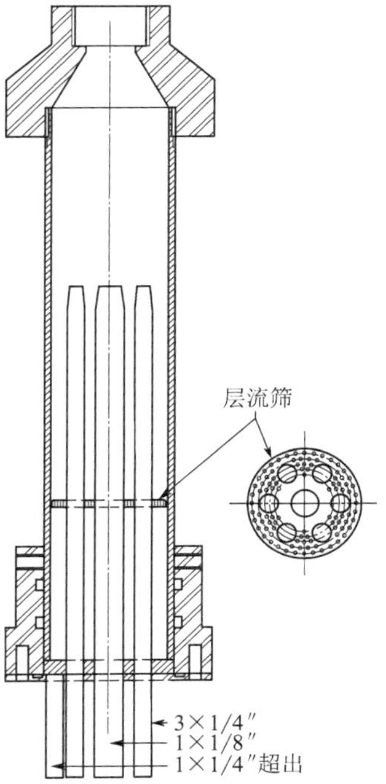

图 2.2　等速分流器的示例图

2.4　样品干燥

在采样中选择干空气作为样气还是选择降低环境相对湿度(RH)的空气作为样气值得进一步讨论。理想情况下，应当首先选择的是环境大气，因为它对气溶胶的干扰最小，且能防止半挥发性成分的挥发。然而，在采样过程中，很难使采样器中的相对湿度保持在与环境大气相同的水平。在采样中，用切割器分离干空气(干切割)能使相对湿度保持在一个足够低的范围内，在这个范围内的吸湿增长效应最小。最终可以将环境相对湿度测量结果与吸湿增长因子(在特殊测量活动中获得或依据化学成分估计)的结果相结合，从而得到环境大气中气溶胶的大小。对采样相对湿度的控制，干切割要优于湿切割。但是，干切割也有其自己的问题，特别是对于颗粒物中的半挥发性成分有一定的影响。在环境相对湿度条件下，建议采用 1.0 μm 切割干空气，而不是 2.5 μm，这是因为小于这些粒径的颗粒物通常有很强的吸湿性，并且粒径的分离不能依赖于相对湿度。为实现粒径的分离，在用撞击式或旋风式切割器分离颗粒物之前，应先将相对湿度降低到 40%以下。降低相对湿度的首选方法是使用扩散式或膜式干燥器去除水蒸气，或者采用经过滤的干空气稀释样品以降低露点温度。另一种但不太好的方法，是通过适度加热至不超过 40 ℃的温度(以尽量减少半挥发性物质的损失)，从而将相对湿度降低至 40%。一般而言，温度升高 10 ℃将会使相对湿度降低约一半，因此很少有需要超过 10 ℃的加热。如果使用了加热，则必须注意将仪器的连接管路与较冷的实验室空气隔离开。

2.5　颗粒运动的一般性质

为满足采样要求，气溶胶进气口的设计，可由有资质的工程师根据以下描述的原理进行定制。但这些进气口应对包括了目标气溶胶粒径范围内的颗粒物具有良好的切割性能和气溶胶传输效率。这些定制的进气口的技术参数，应该提交 WMO/GAW WCCAP 审查，以避免在 GAW 网络的各站之间出现严重的采样差异。或者，可以在市场上购买进气口，其在颗粒物的切割和传输效率方面也应具有良好的性能特征。建议那些希望建立 GAW 气溶胶测量的人向 WCCAP 进行咨询。

将气溶胶输送到收集器和气溶胶测量仪器时主要的挑战是避免颗粒物的损失。颗粒物的损失机制与其粒径大小有关,通常由颗粒物的扩散、碰撞和沉降引起。一般来说,对于小于0.1 μm的超细颗粒物,颗粒扩散造成的损失是至关重要的。相比之下,在水平、倾斜的管道和弯曲的管道中,由于沉降和撞击引起的颗粒物的损失与超细颗粒物有关。应根据观测网络的目的来决定整个采样装置的结构和主路气流的流动状态。

管道中空气气流的流动状态是层流或湍流,由其雷诺数(Re)表征。管道中的气流是层流时,雷诺数的上限值约为2000。超过这个值时,气流逐渐变得越来越混乱。气流的雷诺数可以由以下公式计算得出:

$$Re_{\text{flow}}=\frac{\rho_G \cdot u_{\text{flow}} \cdot D_{\text{pipe}}}{\eta_G}$$

式中,ρ_G 是气体密度,u_{flow} 是流速,D_{pipe} 是管道的内径,η_G 是气体的黏性系数。

粒子在气流中的惯性,由它的斯托克斯数(Stk)确定。

$$Stk=\frac{\tau \cdot u_{\text{flow}}}{D_{\text{pipe}}}$$

其中

$$\tau=\frac{\rho_P \cdot D_P^2 \cdot C_C}{18\eta_G}$$

式中,τ 是颗粒物的驰豫时间,u_{flow} 是流速,D_{pipe} 是管的内径,ρ_P 是颗粒密度,D_P 是粒径,C_C 是坎宁安订正因子,η_G 是气体的黏性系数。

2.5.1 层流采样结构

通常,在GAW观测网络中建议使用层流气溶胶采样方式,以便在一个较宽的粒径范围内,使由扩散和惯性造成的颗粒物损失最小化,特别是超细和粗模态的颗粒。此外,从进气口到仪器的压降能被保持在几百帕(hPa)范围内。通过使用尽可能短的管路和尽可能高的流速,能将层流中由于颗粒扩散造成的损失降到最低。通过避免采样管弯曲或水平朝向,能够最大限度地减少超细颗粒的损失。

为设计层流采样结构,可用下式(Hinds,1982)计算与粒径大小有关的粒子穿透力:

$$\begin{cases} P=1-5.5\mu^{2/3}+3.77\mu, \mu<0.007; \\ P=0.819 \cdot \exp(-11.5\mu)+0.0975 \cdot \exp(-70.1\mu)+0.0325 \cdot \exp(-179\mu), \mu>0.007 \end{cases}$$

$$\mu=\frac{D \cdot L_{\text{pipe}}}{Q}$$

式中,D 是颗粒物的扩散系数,L_{pipe} 是管道长度,Q 是体积流量。

由于在采样管路中不可能避免弯曲,可用下式计算与粒径大小有关的粒子穿透力:

$$P=1-Stk \cdot \frac{\theta^{\circ}}{180^{\circ}}\pi$$

式中,θ 是弯曲角度。

在水平或倾斜的管道中,由于超细颗粒沉降引起与粒径有关的损失,可由下式进行计算:

$$\delta=1-\frac{2}{\pi}\left[2\kappa\sqrt{1-\kappa^{2/3}}-\kappa^{1/3}\sqrt{1-\kappa^{2/3}}+\arcsin(\kappa^{1/3})\right]$$

$$\kappa=\varepsilon\cdot\sin(\theta)$$

$$\varepsilon=\frac{3}{4}Z$$

$$Z=\frac{L_{\text{pipe}}}{D_{\text{pipe}}}\cdot\frac{u_{\text{S}}}{\bar{u}_{\text{flow}}}$$

式中，L_{pipe} 是管道长度，D_{pipe} 是管道内径，u_{S} 是沉降速度，u_{flow} 是平均流速，θ 是管道与水平面夹角。

2.5.2 湍流采样结构

高流速的湍流气溶胶采样结构，可能用于主要关注导致气候辐射强迫的颗粒物的监测站点。为设计湍流采样结构，可用下式计算与粒径大小有关的颗粒穿透力。由扩散引起的与粒径大小有关的颗粒物损失可以用下式估算：

$$\delta=\frac{28.5D_{\text{pipe}}\cdot D^{1/4}}{Re_{\text{flow}}^{7/8}(\eta_{\text{G}}/\rho_{\text{G}})^{1/4}}$$

式中，D 是扩散系数，D_{pipe} 是管道内径，η_{G} 是气体黏性系数，ρ_{G} 是气体密度，Re_{flow} 是气流雷诺数。相对于管壁的与粒径大小有关的颗粒物的沉降速度 u_{dep} 由下式给出：

$$u_{\text{dep}}=\frac{D}{\delta}$$

与粒径大小有关的颗粒穿透力可由下式计算：

$$u_{\text{dep}}=\frac{D}{\delta}$$

$$P=\exp\left(\frac{-4\cdot u_{\text{dep}}\cdot L_{\text{pipe}}}{D_{\text{pipe}}\cdot\bar{u}_{\text{flow}}}\right)$$

式中，u_{flow} 是平均流速，L_{pipe} 是管道长度。颗粒通过弯曲管道的穿透力取决于斯托克斯数和弯曲的曲率。与粒径大小有关的颗粒穿透力可用下式近似计算：

$$P=\exp\left(\frac{-4\cdot u_{\text{dep}}\cdot L_{\text{pipe}}}{D_{\text{pipe}}\cdot\bar{u}_{\text{flow}}}\right)$$

$$P=\exp\left(-2.823\cdot Stk\ \frac{\theta^{\circ}}{180^{\circ}}\pi\right)$$

在水平朝向的管道中颗粒沉降的穿透力可用下式表述：

$$P=\exp\left[-4Z\cdot\cos\left(\frac{\theta^{\circ}}{180^{\circ}}\pi\right)\right]$$

湍流采样结构的示例：

美国国家海洋大气局（NOAA）的长期气溶胶监测站使用这种湍流采样结构，其设计为分析仪和样品采集设备提供了高达 120 L/min 的气溶胶流量。这种设计经过优化，可提供空气动力学直径在（0.02～2）μm 范围内颗粒物的定量测量，附加目标是实现最大可达 10 μm 的 50%的颗粒物的采集。设计可支持多个分析仪和过滤膜采样器的平行运行，且每个分析仪和过滤膜采样器的流量可高达 30 L/min。

实现这些设计目标所需要的权衡，包括采样管线中的湍流流动条件、传输到小直径的采样管线分支的等速条件以及气流被分为四条独立管线时的非等轴条件。尽管有这些权衡，湍流扩散、碰撞和沉降引起的颗粒损失的计算表明，许多系统在实现中都符合与粒径大小有关的采样颗粒传输效率的设计标准，如图 2.3 所示。

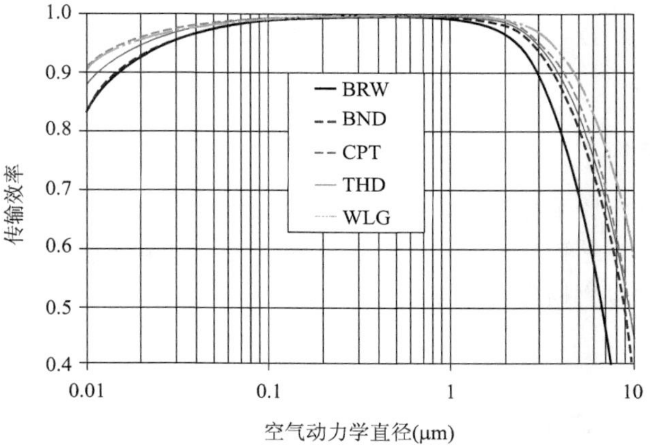

图 2.3　NOAA 进气管中计算的颗粒损失与颗粒空气动力学直径的关系

这个进气口的设计可概括如下：

- 由一个三角形的气象塔支撑的直径为 20 cm 的聚氯乙烯采样管，通常延伸至超出邻近结构物上方 10 m；
- 一个倒置的不锈钢罩作为防雨帽；
- 直径为 5 cm、加热的不锈钢管，可从 1000 L/min、$Re=7500$ 的主采样气流中抽取 150 L/min 的气溶胶样品流量且 $Re=4500$；
- 加热器由下游的相对湿度传感器控制，以保持相对湿度不超过 40%，如果空气温度达到 40 ℃时，通过自动调温器断开加热器的电源；
- 离开加热管的空气，被分成四条用于分析的样品管线（直径为 1.9 cm、每个 30 L/min、$Re=2700$）和一条旁路管线（30 L/min）；
- 样品管线与加热的样品管的轴线成 3.75°角；
- 直径为 1.9 cm 的样品管线，由不同长度的不锈钢和/或导电硅胶管制成，材质的选择取决于特别的站点位置。

这种湍流采样结构的优缺点如下：

- 高的气溶胶流量；
- 在采样系统中停留时间短；
- 在水平的管道中由沉降引起的颗粒损失小；
- 由于扩散增强，超细颗粒的损失增大；
- 由于碰撞增强，粗颗粒的损失增大；
- 主动干燥气溶胶气流的能力有限。

2.6 气溶胶综合采样与局地污染

每一个 GAW 的全球和区域站点，都应尽可能避免局地的污染。当存在局地污染时，应对连续测量结果进行标注。然而，为获得具有更广泛区域代表性的样品，综合样品（如过滤膜样品）可能需要特殊控制，以排除局地污染空气的影响。例如，当在站点处于污染条件下时，即如果风是来自于已知的局地污染源的方向时，可以通过关闭泵或采用旁路综合采样器来进行控制。

2.7 采样系统完整性

样品采集系统的完整性，应每月检查一次。这可以通过在气溶胶采样的主进气口或单个仪器的前面放置一个过滤膜，记录连续气溶胶分析仪的响应来完成。如果仪器对过滤后的空气的响应随时间发生变化，便表明系统可能存在漏气，需要采取纠正行动。数浓度(CN)(第 5 章)是系统完整性的最敏感指标。

参考文献

Hinds W C，1982. Aerosol Technology：Properties，Behavior，and Measurement of Airborne Particles[M]. Wiley-Interscience：424.

Weingartner E，Nyeki S，Baltensperger U，1999. Seasonal and diurnal variation of aerosol size distributions (10<D<750 nm) at a high-alpine site (Jungfraujoch 3580m asl)[J]. Journal of Geophysical Research，104 (D21)：26809-26820，doi：10. 1029/1999JD900170.

Wiedensohler A，Birmili W，Putaud J-P，et al，2014. Recommendations for Aerosol Sampling[M]//Ian Colbeck and Mihalis Lazaridis. Aerosol Science：Technology and Applications：First Edition. John Wiley & Sons，Ltd.

联系人

Dr Alfred Wiedensohler
GAW World Calibration Centre for Physical Aerosol Properties
Institute for Tropospheric Research
Permoserstrasse 15，D-04303 Leipzig
Germany
E-mail：ali@tropos. de

3 GAW 站点的气溶胶化学测量

3.1 导论

GAW 站点气溶胶化学测量的主要目的是：1）确定局地和全球分布的长期趋势；2）评估气溶胶粒子对区域和全球气候的影响；3）监测区域空气质量。此外，对气溶胶颗粒物化学粒径分布的长期测量结果，可用来对空气质量预报中所用到的诸多气溶胶化学传输模式以及诸多气候模式进行评价和改进。

3.2 关键问题

由于不同气溶胶类型的复杂性，一个成功的观测网络的观测项目，应设法解决化学测量和分析中普遍存在的多数问题。在 GAW 站点进行气溶胶化学成分采样和分析时，建议遵循以下指导原则。

1）采样系统、测量系统和分析系统应兼具简单性和坚固耐用性。为提高项目的成功率，在 GAW 站中使用推荐的技术有利于低水平的专业技术能力和维护能力。

测量技术应具有广泛性。世界上的许多大气科学家虽然都使用先进的系统来提供有关气溶胶粒子化学成分的信息，但是较高的成本和对先进专业知识的较高的需求，明显限制了这些系统在 GAW 站的使用。

2）应使用标准化的气溶胶滤膜。这将确保各站之间的一致性和可比性。质量保证和质量控制专业知识或者甚至是资源，均可以在各站之间进行共享。

3）应尽量减少硬件成本和培训成本。成本越低，在全球范围内获得有质量的长期测量结果的可能性越大。

因此，除非另有说明，这里推荐的分析的类型和数量，是被认为符合 GAW 科学目标的最低要求。如果财政紧缩，建议通过减少要分析的样品数量，而不是减少化学种类来实现削减。

3.3 化学成分采样技术及分析推荐

3.3.1 采样膜和方法

就质量浓度测量和化学分析而言（除有机碳外），建议使用特氟龙滤膜进行气溶胶的采集（第 3.3.5.1 节）。选择理由如下：

1)这种滤膜已在现有的各种测量网络中广泛使用；

2)可以采购得到；

3)气溶胶颗粒物的采集效率高(在常用表面速度下，有 99%的粒径大于或等于 5 nm 的颗粒物，将被采集在孔径小于 1 μm 的特氟龙滤膜上)；

4)化学惰性好(它吸收极少量的水蒸气和反应性气体，适用于多种类型的化学成分分析，也适用于基于重量法对气溶胶质量浓度的测量，以及基于光学吸收法对颗粒物的测量)；

5)化学成分含量低(低含量化学成分导致更低的大气检测限；除硝酸盐外；目前似乎有不同程度的空白滤膜，这一问题将在下面进一步讨论)。

建议将直径为 47 mm 的滤膜作为标准尺寸，以便于数据的相互比对和采用共同的质量保证/质量控制程序。47 mm 是许多现有观测网络中经常用的直径。但是，这不妨碍使用其他的尺寸。事实上，只要粒径的切割能保持一致，便可使用不同几何形状的滤膜支架。

有机碳测量应使用石英纤维滤膜。这是特氟龙滤膜的唯一一个例外，因为目前公认的有机碳的热光分析方法需要这种特殊的滤膜。石英纤维滤膜在使用前，应在 850～900 ℃的推荐温度范围内烘焙，以降低滤膜上有机碳的含量。作为一项质量保证/质量控制程序，建议在进行现场采样前，从烘焙过的滤膜批次中随机选择一些滤膜进行有机碳的空白测试；如果有机碳的空白值超过了设定的限值(如所有空白测试的平均空白值的 2σ)，则应拒绝使用该批次的滤膜进行采样。鉴于分析技术将进一步发展，本建议应被视为一种临时解决方案。

特别是那些已启动气溶胶化学采样项目的站点，建议不要使用其他类型的滤膜。由于历史原因，一些现有的观测站，可能已经使用了其他类型的滤膜并将继续使用(如纤维素滤膜)。那么，这些站点应考虑更换到特氟隆滤膜，但使用两种滤膜进行测量应具有至少两年的重叠期。鉴于 GAW 计划的长期目标，应仔细记录由于采样/分析技术变化而导致的监测记录的任何变化。一方面，至少两年的过渡期，将使这些变化能够在不同的季节得到解释。另一方面，如果正在进行的测量项目，希望继续进行采样，则应进行仔细研究，以确定推荐的 GAW 化学测量是否受到影响。

过滤法存在潜在的干扰，对半挥发性化学物质尤其如此。解释结果时应考虑这些干扰。对非挥发性物质，如海盐和矿尘干扰可以忽略不计，因为，要么滤膜上没有可吸附的气相成分，要么滤膜不吸收气体，要么这些成分稳定、不易挥发。对于半挥发性化学物质，如硝酸铵和一些有机碳物质(如轻多环芳烃)，干扰可能来自滤膜上气体的吸附和采样过程中滤膜上颗粒物的挥发。吸附取决于滤膜材质的类型和环境条件，而挥发更多地取决于环境变量和滤膜的固有特性(如正常采样条件下穿过滤膜的压降)，而不是滤膜的成分。

抽入的空气通过滤膜时的表面速度能影响颗粒物和气体的吸附和挥发特性。对于硫酸盐，不会发生挥发；但在某些特殊情况下，例如海洋或沿海地区的颗粒物呈碱性，二氧化硫会吸附到沉降的颗粒物上，并进一步转化为硫酸盐，从而导致正的干扰。在用石英纤维滤膜采集有机碳时，发现正偏差(吸附)远大于负偏差(颗粒物的挥发)(Turpin et al.，1994)。相比之下，硝酸铵特别容易从滤膜上挥发。为了获得挥发性化合物(当然也包括了颗粒物)测量的准确结果，采样期间有必要对这些干扰的影响程度进行量化。为评估干扰问题的影响程度，特别是对于半挥发性成分，可以使用溶蚀过滤器。其他滤膜可用于特定的测量目的。

除过滤法外，撞击法也可被用于涵盖表 1.1 中所列出的测量项目。在颗粒质量浓度粒径分布的研究中撞击法已得到广泛使用。在多级撞击式切割器采样中，不同的采集基板被用于不同的目的。例如，铝箔用于粗颗粒物和细颗粒物碳组分的粒径分布测量，特氟龙滤膜用于化学成分粒径分布测量，聚碳酸酯滤膜用于元素或金属粒径分布测量。在所有的多级撞击式切割器采样中，壁面损失和反弹是已知的问题，应采取措施将其最小化。常用的防止粒子反弹的技术包括：在撞击前使气流增湿以迫使气溶胶潮解，以及在撞击式切割器表面上涂抹润滑脂。与滤膜采样类似，气体的吸附(正干扰)和颗粒物的挥发(负干扰)可能在串联撞击式切割器采样期间发生，特别是在低气压阶段。

尽管 GAW 指南不排除长期使用多级撞击式切割器进行连续测量的可能性，然而，帮助确定长期连续过滤测量的特性建议仅需要以间歇测量为基础即可(表 1.1)。这同样也适用于使用溶蚀过滤器进行的测量。因为，如果要进行这些测量，不论是实验室化学分析，还是采样和处理都会造成很大的工作量。此外，应有能与常规滤膜采样方案相区分开的专门的质量保证/质量控制方案。而且，由于多级撞击式切割器和/或溶蚀过滤器采样不是 GAW 的核心变量要求，观测站很可能也要自行进行审计和校准。以上这些加在一起就产生了巨大的财政和资源需求，很少有台站能够长期满足。

3.3.2 气溶胶化学分析采样装置

对于 GAW 站的常规长期的气溶胶测量，建议最多并行采集三组直径为 47 mm 的滤膜。如果资金有限，滤膜采样的优先顺序是：1)用于重量分析和离子分析的特氟龙滤膜；2)用于含碳气溶胶分析的石英纤维滤膜；3)用于元素分析的特氟龙滤膜。理想情况下，每组应包括两个滤膜，一个采集直径小于 10 μm 的总气溶胶，另一个采集细颗粒物。这种分离可通过进气口后面的滤膜来实现(进气口根据气溶胶粒径大小选择，如 2.2 节所述)。

为了简单起见，建议使用差分技术来分离粗颗粒物和细颗粒物。具体而言，一个滤膜应安装在直径为 10 μm 的切割器进气口的后面。另一个平行的滤膜应安装在适合细颗粒物(即在环境相对湿度下直径为 2.5 μm 或在干燥空气中直径为 1.0 μm，详见 2.2 节)的切割器进气口的后面。而第二个滤膜将得出细颗粒物，两个滤膜之间的差异将得出粗颗粒物。

3.3.3 流量测量

由于最终测量结果是以颗粒物质量浓度(单位空气体积的颗粒物的质量)来表示的，因此应准确确定每个气溶胶粒子样品的空气体积。此外，在未来的数据分析中可能会有需要使用混合比而不是空气浓度的情况。这就要求记录环境的温度和压力，以便于进行单位的换算。应报告标准情况下的空气体积，即建议的标准温度和压力分别为 273.15 K 和 101.32 kPa。

每个样品的空气体积可以通过对整个采样期间的空气流量进行积分来确定。有许多不同的空气流量确定方法。最常用的方法是使用经过校准的在线质量流量计或质量流量控制器。这些装置(通常通过测量热导率)测量通过传感器的空气质量。传感器应定期用已知的标准器仔细校准。质量流量计和控制器通常用于测量中低流量。对于推荐的 47 mm 特氟龙滤膜，这些装置是合适的。可使用其他流量测量系统，前提是它们已针对工作条件进行了校准。例如，流量也可以通过测量锐口造成的压降来确定，还需要与温度测量相结合。明确建议，在GAW观测站不要使用转子流量计进行流量测量。

对于推荐的47 mm特氟龙滤膜，建议的流量为15～30 L/min。对于每个样品，应在中央数据采集系统上连续记录流量并妥善存档。尽管为47 mm的特氟龙滤膜提出了上述的流量建议，但应注意，不必所有GAW观测站都用相同的流量，因为流量取决于具体的采样装置、采样进气口及化学分析方法的灵敏度。特别是，如果使用了其他的滤膜采样装置（如二分法大流量采样器）来采集气溶胶，则流量可以大很多（例如超过1000 L/min）。经过一年的时间后，应为每个站点评估甚至调整所建议的流量，流量应被改变以获得成功样品的最佳数量和滤膜上的最佳样品载荷。在这种情况下，流量可能需要被控制在新的流量水平。

3.3.4 采样频率

产生了一些与进行化学分析的气溶胶粒子采样相关的问题；它们是相互关联而且具有实际重要性的问题，即采样频率和采样流量。我们应考虑解决GAW被设想去解决的那些科学问题所需要的时间分辨率，并且应权衡这个分辨率与可用的流量和每个样品上预期的气溶胶粒子的质量载荷相平衡。简言之，这是可检测性问题，即用既定的分析方法能否把每个滤膜上的化学成分检测出来的问题。

可能无法分析所有的日样品的化学成分的浓度。如果由于财政限制，不能对所有的样品进行分析，则应考虑以下备选方案：1）一周内每天采样，每隔一个样品进行存档，从而有效地将样品分析量减少一半；或2）一周内每天采样，但每周只分析一个样品；或3）选取第6天的1个日样品进行分析。这三种替代方案都优于采1周综合样品的做法，综合样品难以与气象传输条件相关的。在所有情况下，未经分析的样品应保存在独立、干净、干燥、凉爽的容器中，以便于在发生异常事件时进行可能的后续分析。为确保采样和后续处理程序的质量，所采样品中5％～10％应由现场空白样品组成。

以上是一般性的建议，但也有特殊例外情况。例如，对于由于各种因素（气象学、化学、辐射等）而发生大量昼夜循环的站点，建议在采样程序中使用12 h的采样间隔，并且适当地安排记录样品变化。相反，在本地大气非常干净地点的观测站，可能需要48 h或更长时间（最多一周）以采集到足够量的样品用于分析。

无论采样的空气体积是否太小或太大，都应在第一年对每个地点进行审查。空气流量和进气口可能会需要重新调整。如果由于空气浓度过高而导致滤膜过载，则应降低采样流量。如果由于空气浓度很低而出现欠载，则应增加采样的流量。对进气口的改变在技术和财政上可能有挑战性。或者，可以改变实验室的分析方案，例如，在分析前根据适当的QA/QC文件对进入样品进行稀释或浓缩，以处理样品的过载/欠载，并达到最佳的分析灵敏度。

3.3.5 分析建议和考虑事项

对于每个开展气溶胶测量的GAW站，强烈推荐使用以下核心气溶胶粒子化学分析项目清单：1）质量浓度；2）主要离子成分；3）矿物粉尘；4）含碳组分。下文所述的分析技术已证明具有85％～90％的质量浓度测量的能力，并能实现足够的气溶胶质量浓度闭合。除了上述的化学物质外，个别观测站可能希望进行其他的分析，如示踪剂成分。下面将对这些分析进行详细讨论。

3.3.5.1　质量浓度

在GAW测量项目中，大气气溶胶粒子的质量浓度显然是一个基本参数。建议使用特氟龙滤膜进行质量分析。空气中气溶胶粒子的质量浓度，在推荐的相对湿度（*RH*）范围内，通常由滤膜上气溶胶粒子的净质量与空气样品的体积比来确定（Chow，1995；Willeke et al.，1993；Baron et al.，2001；Lodge，1988）。它以 $\mu g/m^3$ 为单位来表示，其中体积与标准温度和标准压力有关。也有用于质量浓度测量的连续仪器，将在下面单独一节进行讨论。

使用特氟龙滤膜（或任何其他采样膜）进行重量测量的方法看起来简单，但仍存在许多实际问题。这些问题来自4个方面：1）气溶胶颗粒物样品与天平微环境间的平衡；2）滤膜上的静电荷；3）天平的灵敏度；4）空气密度变化所引起的滤膜所受浮力变化。样品与微环境间的平衡是最为关键的问题。这是因为可溶性气溶胶粒子有亲水性，因此会吸水。含水量能显著地随环境温度（*T*）和相对湿度（*RH*）的变化而变化。因此，对于称量滤膜上的气溶胶样品，重要的是要使温度 *T* 和相对湿度 *RH* 的变化最小化，从而保持一个恒定的微环境条件。

滤膜上颗粒物的净质量，由采样前后滤膜的重量差来确定。为了保持恒定的 *T* 和 *RH*，应使用在 *T* 和 *RH* 控制的环境中的天平进行称重。称重前，滤膜应在控制恒定的 *T* 和 *RH* 下平衡24 h。对于GAW，依据空气监测网采用的参考方法，建议恒定的温度和相对湿度分别为20 ℃±1 ℃和20%±5%。

灵敏度小于或等于100 μg的天平，适用于预计净质量为几十毫克的大样品。在GAW站，对于推荐使用的特氟隆滤膜采样，需要使用灵敏度小于1 μg的电子天平。这同样也适用于使用其他小流量装置（空气流量小于或等于30 L/min）采集的气溶胶颗粒物样品，尤其是使用多级撞击采样器。天平的校准，应在与样品相同的微环境下使用类似重量的标准砝码进行。这些标准砝码应可溯源至国际计量局（BMPI）下属计量服务新的一级或二级标准。

对于特氟龙等具有高介电常数的滤膜，滤膜上的静电电荷特别值得重视。在制造过程以及采样和处理过程中，电荷都会积聚在滤膜上。这些电荷会导致操作困难、增强或减小颗粒物的采集和称重误差。当采集的质量较小时，称量误差会被放大。根据GAW采样方案建议，采集的气溶胶颗粒物的质量预计在几十到几百微克的范围。天平的灵敏度应足够高才能准确地确定这一质量。为了去除任何电荷，在称重之前和称重期间，滤膜应暴露在电晕放电装置或低能级的钋-210（Po-210）或镅-241（Am-241）放射源下。

用重量法准确地确定颗粒物的质量浓度，最理想的是使用低介电常数、高滤膜完整性、对水汽和其他气体吸收惰性的滤膜。为GAW气溶胶化学项目推荐的特氟龙滤膜，尽管介电常数较高，仍能很好地满足颗粒物质量浓度测量的要求。还有几种类型的滤膜虽然未被推荐用于GAW计划，但它们也能很好地满足要求，包括纤维素酯滤膜和聚碳酸酯滤膜，这些滤膜可能仍在已建的GAW站点中使用。此外，不推荐使用纤维素纤维滤膜（如Whatman 41）用于颗粒物质量浓度的测定，因为它们对水汽有较强的且不可逆的吸收。石英滤膜或玻璃纤维滤膜可被使用，其实与质量浓度载荷相比，在处理过程中滤膜基底材料的潜在损失微不足道。

尽管采取了预防措施，但几乎所有类型的滤膜，在没有采集任何样品的情况下，被送至现场并返回后，其重量有发生微小变化的倾向。因此，除了用于采样的滤膜外，应以与实际样品相同的方式采集和处理空白滤膜。应确定空白滤膜上的净质量（负数或正数），并用于样品结果订正。此外，在对滤膜进行称重时应特别小心；这些滤膜可能会按下文所述方法进行再分析。

半连续的仪器也可用于测定气溶胶颗粒物的质量浓度，但前提是它们与重量分析法的等效性已被证明。3.5节将进一步讨论这些类型的仪器。

3.3.5.2 气溶胶中的离子成分

对于GAW观测站，建议至少对气溶胶中的一组最低限度的主要离子成分进行化学分析。这组包括硫酸根、硝酸根、氯离子、钠离子、铵离子、钾离子、镁离子和钙离子。这种分析的选择所依据的事实是它们的分析程序已经很成熟。更重要的是，在大多数的大气条件下，这组离子被预测将占气溶胶质量浓度的主要部分，因为这里所说的测量是迈向气溶胶质量浓度封闭的重要一步。

这些分析的最经济有效的方法是使用离子色谱（IC）技术。如果GAW观测站的财政资源允许，则应在整个GAW使用IC，以确保统一性和可比性。IC技术不但具有化学分析优势，且分析成本较低，并且已经成熟到每种离子的灵敏度、成本和维护等都已经众所周知的程度。如果IC的装配正确，所有推荐的离子种类都可以在一次进样中得到分析。对于钠、钾、镁和钙离子，在不使用IC的情况下，可以使用原子吸收光谱法（AAS）或电感耦合等离子体质谱法（ICPMS）进行分析。对于确定滤膜上收集的特定元素存在一些参考方法，GAW建议尽可能地遵循这些程序。然而，由于使用这些替代分析技术可能会导致GAW观测站之间的系统差异，因此这些替代技术与IC间的等效性应被证明，并很好地进行记录。

为进行IC分析，应把滤膜样品提取到适当量的去离子水中。对于推荐使用的滤膜（47 mm特氟龙）和总样品体积（约30 m^3），建议使用体积为10～20 mL的去离子水。这对于所推荐的大多数离子成分而言，会产生相对较高的浓度，同时也为所有分析提供了足够的提取体积。重复性分析应定期进行（即对每五个样本中的一个样本进行多次分析）。根据重复分析的结果可以很好地评估分析的精度。制备的标准应涵盖样品的浓度范围。IC实验室参加由GAW计划组织的实验室间的循环比对项目是非常重要的，特别是在特定的降水项目内。可遵循GAW第160号报告（《世界气象组织/全球大气观测计划（WMO/GAW）降水化学观测手册——指南、数据质量目标和标准操作规程》）中描述的数据质量建议。

可以分析额外的离子成分，以便在超过最小离子成分组的一段较长时间内对特定过程进行有针对性的研究。然而，这可能需要对同一样品进行额外的IC测试或使用梯度法。这种额外成分的一个例子是在海洋站点采集的样品的甲烷磺酸根（MSA）。MSA是海洋生物源硫排放的一个指标，MSA的变化可能表明海洋生物源的强度和/或过程的变化。

以下部分是对推荐在GAW观测站进行测量的离子成分的更详细描述。

硫酸根（SO_4^{2-}）和铵离子

硫酸根（SO_4^{2-}）是所有化学成分中被研究最多的，且普遍存在于气溶胶中。非海盐（NSS）硫酸根占气溶胶硫酸根的绝大部分，其测定方法是用海水中的 Na^+/SO_4^{2-}（或 Mg^{2+}/SO_4^{2-}）比值和 Na^+（或 Mg^{2+}）测量结果订正海盐硫酸盐。NSS是亚微米海洋气溶胶粒子质量浓度的主要贡献者之一。但在碱性的粗海盐或沙尘气溶胶中,可以发现其很大部分来自对 SO_2 的吸收。在粗海盐气溶胶中,存在大量的海盐硫酸根。

天然硫酸根的一个次要来源是矿物粉尘。这个成分可使用矿物粉尘中的 Ca^{2+}/SO_4^{2-} 比率加以修正(Henning et al.,2003)。

对 SO_4^{2-},IC 法具有较高的灵敏度且问题较少。对铵离子也是如此。但是,应注意的是,在滤膜处理过程中,很可能用氨进行酸度滴定,并且在处理过程中应特别小心,以避免滴定造成的污染。这要求制定严格的标准操作规程,例如,在无氨的微环境(如擦洗干净的手套式操作箱)中,适用于在现场和实验室中处理滤膜。这些程序是对铵离子测量可靠性的要求。

硝酸根和铵离子

大气中 NO/NO_2 被氧化形成气态硝酸。气态硝酸与气溶胶粒子中的碱性成分反应生成硝酸盐中的硝酸根。它还可以与气态氨共同冷凝,形成硝酸铵并增加颗粒物的质量浓度。但是,气态硝酸和气态氨应与硝酸铵颗粒保持平衡。或者,硝酸盐气溶胶可以直接从碱性颗粒上的各种氮氧化物的反应中形成,而不需要先经过气相的硝酸。

一方面,由于硝酸根能与硫酸盐形成稳定的混合盐,所以它可以与 SO_4^{2-} 共同存在于细颗粒物中,特别是在积聚模态中。另一方面,硝酸或氮氧化物与碱性颗粒物的反应,主要是在粗颗粒物部分,将生成粗模态的硝酸盐(Henning et al.,2003)。在粗模态和积聚模态下,硝酸根对气溶胶的质量浓度有显著的贡献。

在以硝酸铵为主和其他阴离子含量较低的地区,滤膜上硝酸铵的挥发是硝酸盐采样中潜在的问题。在这些情况下,在进行数据解释时应谨慎。然后,建议使用特氟龙/尼龙滤膜组合样品进行辅助测量,并用溶蚀过滤器适当地去除气态硝酸。

海盐离子成分

海盐离子成分是气溶胶粒子的重要组成部分,特别是在粗模态。在海洋上空,气泡破裂产生粗粒和细粒的海盐粒子。在海洋和沿海地区,粗模态下大部分是海盐粒子,对这些地区的粒子光散射有贡献。气溶胶颗粒物中海盐成分的测量不太容易出现采样误差。这些成分包括主要阳离子即钠离子和镁离子。氯化物也是海盐成分的一部分。然而,由于海盐粒子与 SO_2、HNO_3 等酸性气体发生反应,海盐粒子中的氯离子可能会损失。由于阳离子不易挥发,因此它们不会遇到与硝酸盐/铵相类似的采样问题。此外,特氟龙滤膜上这些离子的空白水平较为稳定且较低。

建议用 IC 技术对 GAW 观测站的特氟龙滤膜样品的阳离子进行分析。该技术分析的效果良好,对推荐分析的阳离子具有较高的灵敏度,1 次分析即可得到所有的阳离子和铵离子。对同一样品进行单独的阴离子分析,可以同时得到氯离子和硫酸根、硝酸根,氯离子结果可用于研究海盐成分的酸碱反应程度。但是,在进行结果解释时,应注意氯离子的采样后损失。

或者,海盐成分可以通过破坏性方法 AAS、ICPMS 或非破坏性方法如仪器中子活化分析(INAA)或质子激发 X 射线发射(PIXE)进行分析。PIXE 是一种非破坏性的方法,适用于在真空中不易挥发的成分的分析。采用非破坏性的检测方法,如果处理得当,可以保存样品并进行再次分析。在任何情况下,都应建立这些分析方法与 IC 技术等效关系。此外,同样应建立这些分析方法的质量保证/质量控制程序并记录在案。

其他离子成分

关于钾离子和钙离子，这里值得多讨论一点。一方面，在气溶胶中，钾离子主要来自于生物质燃烧，因此，在GAW计划中，钾离子的分析提供了生物质燃烧的长期记录。另一方面，钙离子主要来自矿物粉尘。这两种离子中的一小部分可能含有海盐成分。在GAW计划中，建议用IC方法来分析这两种阳离子。这样并不会造成额外的分析，因为这两种分析都来自于海盐成分中钠离子和镁离子的同样的分析，因此不需要对这两种离子进行额外的分析。这两种离子也可以通过不同的分析方法获得，如AAS或ICPMS，但由于不同的提取程序可能会产生差异。

在评估上述主要成分的来源时，其他离子成分可能具有相当重要的意义。有机离子，包括甲酸根、乙酸根、丙酸根和甲烷磺酸根（MSA），都是很好的例子。MSA是二甲基硫（DMS）和其他可能的海洋生物硫化合物生成的NSS硫酸根的指示物。在偏远地区，其他有机阴离子可能来自生物质燃烧源。如果要进行有机离子分析，建议在足量的溶液中提取特氟龙滤膜，该溶液的量应足以进行多次的单独IC分析。

然而，对于有机离子的分析，需要有IC技术方面的额外的专业知识，因为它使用的IC方法（梯度法或双柱串联法），是比进行最低限度分析所需的设备（如等比例泵）更复杂的设备（如梯度泵或多级柱）。位于海洋地区的GAW站点，建议进行MSA分析，而对于偏远地区，有机阴离子则是对生物质燃烧有用的示踪物。

3.3.5.3 矿物粉尘

矿物粉尘颗粒由地壳物质组成，主要来源于沙漠和农业等区域干旱、半干旱地区裸露土壤的风悬浮。在城市地区，再悬浮的道路尘是矿物粉尘的一个主要因素。矿物粉尘颗粒主要处于粗模态，粒径大于10 μm的颗粒由于重力沉降而迅速脱落，那些粒径较小的颗粒则可以远距离输送。有大量证据表明，来自戈壁和撒哈拉沙漠等地的矿物粉尘粒子分别跨越了太平洋和大西洋，在半球尺度上进行输送。在这样的源区和适当的下风区域，矿物粉尘颗粒可能会在粗模态及一定程度上的细模态的质量浓度中占主要地位（视季节而定）。它们能通过散射和吸收太阳辐射显著地影响大气的能量收支。

由于它们的稳定性，矿物粉尘颗粒采样相对容易，而不会受到有机物和硝酸铵等半挥发性气溶胶成分的干扰。对于GAW观测站，建议采用多元素分析的方法来测定矿物粉尘中的成分。特氟龙滤膜应至少分析主要的地壳元素Al、Si、Fe、Ti、Sc和相关元素Na、Mg、K、Ca中的4种。没有推荐特定的分析技术，这是因为PIXE、INAA、XRF、AAS和ICP-MS等方法具有较好的选择性，对地壳元素而言，这些技术通常具有较高的灵敏度。并非所有的技术都能提供所有必需的元素，根据可获得性，可能需要两种或更多技术的组合。建议给出每个元素的元素质量浓度而不是相应氧化物的质量浓度。综上所述，当使用这些技术时，应遵循ISO的标准程序。

3.3.5.4 碳质组分

碳质组分是所有气溶胶颗粒物的化学成分中最不易理解和最难表征的组分。颗粒物的总碳（TC）质量浓度可分为三个组分：无机碳酸盐、有机碳（OC）和第三个组分，分别称为元素碳、等效黑碳(EBC)、烟炱或耐热黑碳。其中一些术语与所用的测量方法有关。当使用光学方法时,粒子的光学吸收组分通常等效地称为黑碳,即使光学方法也不是针对碳的。另一方面,热学方法区分了元素碳(如耐热黑碳)和有机碳。就本报告而言,根据 Petzold 等(2013)的建议,术语“等效黑碳”将始终用于通过光学方法测量的量,而元素碳(EC)用于热学方法测量的量。

含碳组分以多种形式和种类存在。在大部分的大陆地区和一些海洋地区,含碳气溶胶至少与硫酸根一样对细模态的质量浓度起重要作用,而 TC 则主要由 OC 控制(Jacobson et al.,2000)。元素碳和碳酸盐是稳定的初级产物,而有机碳在物理和化学稳定性方面的变化较大。元素碳的来源是不完全燃烧。碳酸盐存在于地壳物质和海水中。有机碳可来自于初级的人为和生物源,也可以来自二次的人为和生物源。

GAW 计划中,建议对 TC、OC 和 EC 进行测量,留下那些相对较小和较难的无机碳组分和较复杂的有机碳组分问题。对于颗粒物碳组分的采样,建议使用石英滤膜,在 850～900 ℃下预烧 2 h,采样频率与特氟龙滤膜相同。这里既没有对特定的滤膜尺寸给出建议,也没有对采样流量给出建议。使用这种有机碳的采样方法存在一些潜在的问题。由于许多有机碳组分是半挥发性的,所以在采样过程中,有机碳可能会出现正干扰(有机气体吸附到滤膜上)和负干扰(半挥发性有机成分从气溶胶中挥发)。这两个干扰可能在一定程度上相互抵消,但迄今为止的测量表明,正干扰通常控制着负干扰。

纠正这些干扰的最佳方法是使用溶蚀器,首先涂上实验吸附剂(XAD)树脂或活性炭等材料以捕集气体,然后依次使用两个石英滤膜对气溶胶进行采样。然而,这需要在所有 GAW 站都不知道的专门知识,并给操作增加了复杂性,例如用于准备 XAD 溶蚀器的特殊设备。也可使用其他吸收材料替代溶蚀器,以解决干扰问题。在此,建议仅使用石英滤膜,应视为一种临时的解决方案。是否采用更复杂的溶蚀器滤膜组合进行采样,由台站来决定。

石英滤膜可以用热脱附技术来进行 TC 分析。颗粒物的总碳质量浓度通常是在氧化剂存在时,温度为 750～900 ℃范围内将碳氧化成可测量的二氧化碳的方式来获得的。在两种方式中,一种是在催化剂存在下将二氧化碳还原成甲烷,用火焰离子化检测器(FID)对甲烷进行定量,另一种是通过非色散红外检测器(NDIR)直接检测二氧化碳来实现对热脱附的二氧化碳的检测。

TC 组分中 OC 和 EC 的测量比 TC 的测量更困难(Schmid et al.,2001)。NIOSH 热脱附方法是实现 OC 和 EC 分离的第一种技术(NIOSH,1999)。这种分离主要基于 EC 的耐热性。在高温下,EC 只能在含氧的环境中氧化成 CO_2,而 OC 则可以在无氧的环境中挥发并被氧化成 CO_2。如果挥发过程是在无氧环境下进行的,一些有机材料(如氧化的有机碳)会被裂解,从而导致 EC 测定的正偏差。裂解的 OC 可以通过监测加热过程中石英滤膜的光学反射率或透射率的变化来校正(NIOSH,1999;Chow et al.,2001,2004;Cavalli et al.,2010),或通过使用特定设计的升温协议(Huang et al.,2006)以使得高温时的挥发最小化。尽管如此,分离仍然是半经验的,因为从一个组分到另一个组分的温度交叉点取决于各种因素(如激光的灵敏度和稳定性、温度校准和氦气纯度等)。此外,就裂解进行的订正只基于一些也许不正确的假设。因此,各种光热/升温协议的使用,可能导致不同的 OC 和 EC 的结果。尽管存在这些不确定性,温度控制的热脱附(有或没有激光的光学监测)仍然是该领域中最被接受的 OC 和 EC 分析方法。

对 NIOSH 方法的进一步改进，使得监测网络现在使用了几个升温协议。IMPROVE_A 协议(Chow et al.，2001，2004，2007)常用于北美的监测网络。EUSAAR-2 协议(Cavalli et al.，2010)是欧洲 EMEP 网络的标准协议。EnCan-total-900 是加拿大气溶胶本底测量网络中使用的升温方法(Huang et al.，2006)。其他类似 NIOSH 的协议也被用于长期的观测(Husain et al.，2008；Dutkiewicz et al.，2014)。利用这些热分离协议，通过不同的观测网络在世界各地获得了大量的 OC 和 EC 数据集。为了促进现有观测网络向 GAW WDCA 提交数据，并最大限度发挥这些数据的科学价值，GAW WDCA 将接受具有清晰描述或引用 OC 和 EC 分离协议的数据。对于计划和开始气溶胶 OC 和 EC 测量的新的 GAW 观测站，建议采用有充分记录和研究适用的 IMPROVE_A、EUSAAR-2 或 EnCan-total-900 协议。应该注意的是，这个建议并不排除采用或开发其他的协议，但提供此类协议兼容性文件的责任将由观测台站承担。

为了确保 GAW 观测网络和贡献网络之间数据的兼容性，迫切需要开发这样一些机制：它们可用来评估不同网络上使用不同升温方法的 OC 和 EC 测量数据的可比性，以及数据可比性随时间变化的一致性。这些机制可包括：

- 在不同地点(假设受到不同类型源的影响)对滤膜样品进行长期的比对，包括区域网络应用不同协议时的大陆间的定期比对；
- 开发 EC 标准物质，对使用标准物质对 OC 和 EC 成分进行仪器校准的测量方法进行定期的比对，以确保通过单个仪器/方法进行的测量可溯源到第一原理(例如重量分析法)，并在很长一段时间内保持一致(例如十年尺度)。

强烈推荐 GAW 的 OC 和 EC 测量实验室，只要此类实验室间比对活动一开展，便参与其中。实验室应随时向 WDCA 提交 OC 和 EC 数据以及数据可比性结果。

其他技术也一直被用于测定气溶胶颗粒物中的有机碳，如非破坏性技术 PESA(质子弹性散射分析)。但是，我们认为，由于其他技术的使用有限，在观测网络中不推荐使用它们。然而，一般性的建议是，只要 GAW 观测站就 OC 测定提出一种可供替代的方法，就应使用这种热学方法对 OC 进行周期性的测定，以便于测定结果间的对比。

所有这些测量都为碳浓度产生一个值。为了达到质量守衡，还需要考虑碳组分中的杂原子。用于计算总有机碳质量浓度的因数因组分而异。水溶性有机碳的因数为 1.9(Krivasy et al.，2001)，非水溶性有机碳的因数可能为 1.2 左右。水溶性有机碳通常占总碳的 40%～50%(城市地区除外，那里的碳含量可能低至 10%)。因此，通常用于总 OC 的校正系数(1.4)处于较低的一侧(可能城市站点除外)。相比之下，Turpin 和 Lim(2001)给出了更高的换算系数，城市气溶胶为 1.6±0.2，老化的气溶胶为 2.1±0.2(非城市气溶胶)。

从光学测量中获得的等效黑碳(EBC)质量浓度

估算黑碳质量浓度的光学方法，涉及测量滤膜(吸收)上粒子沉积层的光透射系数的变化，并应用特定位置和仪器类型的特定质量吸收效率，以得出等效黑碳(EBC)质量浓度。4.3 节详细介绍了 GAW 观测站气溶胶光学吸收系数的推荐测量方法。从光吸收测量得出 EBC 质量浓度需要两个关键假设：1)黑碳是气溶胶光吸收的唯一物质；2)采集到的黑碳与实验室用于吸收仪器校准所用的标准具有相同的质量吸收系数。这些假设可以通过如上所述的同时进行光吸收测量和EC测量来确定质量吸收系数的试验来进行评估。在没有对石英纤维滤膜上的EC浓度进行常规测定的观测站点,可以不太频繁的方式采集滤膜,以获得特定地点和特定季节的质量吸收系数的值。因此,对于GAW的EBC测量来说,当从光吸收测量中估计EBC质量浓度时,在一个地点通过试验得出质量吸收系数的值是必要的。根据光学测量得出EBC质量浓度结果的报告,应遵循Petzold等(2013)推荐的术语。

3.3.5.5 痕量成分

气溶胶的痕量成分是反映气溶胶来源和过程的重要指标。有些成分可能对健康有影响。示踪物包括元素形式和分子形式。出于成本考虑和限制样本数量的必要性,不建议在每个GAW观测站对这些成分都进行常规分析。但是,为了进行评估研究,应具体问题具体分析。例如,重量分析和光学吸收技术是非破坏性的,这些方法的滤膜可被存档,以便以后再用PIXE/XRF/INAA对过渡金属进行多元素分析。在分析与矿物粉尘气溶胶有关的元素时,也可以有限地增加成本获得更多的过渡金属。例如,在PIXE分析中,一个长的过渡金属列表,包括Ni、Cu、Zn、Fe、Pb,可从为Al、Na、Mg、K和Ca所有粉尘成分进行的同一次分析中获得的。

有机碳的组分可用于来源的识别和分配。一些物质已成功地用作识别有机碳主要来源的示踪物(Hildemann et al.,1994;Schauer et al.,1996)。有机化合物可以来源于初级源(自然生物的或人为的)和次级自然和人为来源。虽然已经对城市大气做了很多工作,但是从农村和偏远地区如GAW站,所获得的数据却很少。可通过特殊的方法(Matthias Maser et al.,1994)评估碳质生物材料的排放量(初级)。例如,植物蜡具有独特的碳优势指数(CPI)。

传统上,这些有机碳物质的采样一直是用石英或玻璃纤维滤膜进行的,同样也有可能形成上述的干扰。对于含碳气溶胶中的有机碳的成分,有许多不同的化学分析技术,通常涉及某种形式的液相或气相色谱法。这些方法与样品处理程序有着密切的关系。例如,用GC/MS系统分析多环芳烃(PAHs)时,采用了一种简单的石英滤膜热脱附气溶胶的方法。为了获得更多的成分,需要采用复杂的萃取程序,通常是溶剂萃取,然后将提取物分离成具有不同极性的成分。再用不同的色谱柱分析这些成分,得到极性和非极性化合物,如长链烷烃和多环芳烃更完整的序列。极性成分通常通过衍生化反应以提高GC对长链酸等化合物的灵敏度。虽然系统和长期的全面测量依然要在各个地方进行,但不建议将其作为GAW长期的常规测量。然而,鼓励在合适的GAW观测站定期地进行气溶胶有机碳组分的特征研究。这些研究将有助于识别有机碳组分的来源。

在这些类型的研究中,高度鼓励与少数具有被证明的专业的实验室合作,同时倡议更好地协调测定特定有机示踪物(即左旋葡聚糖)的测量协议。

3.3.6 分析化学设施的位置和分布

全球大气气溶胶化学工作将涉及GAW观测网络和贡献伙伴观测网络间的合作。为了合并观测结果,实验室应定期参加实验室的比对计划,并在向WDCA提交数据时整合比对结果。GAW将大力支持世界气溶胶化学标校中心执行比对计划。尽管在一个观测网络中使化学实验室的数量最小化可以实现,但在网络中拥有足够多的实验室也是有好处的,有助于实验室之间合作对化学分析进行分配以减少样品采集和分析之间的时间。这对于气溶胶的质量浓度和主要离子成分来说尤其如此。此外，在国家能力建设方面也有优势。对于多元素分析和碳相关的分析，如果分别需要大型的分析设施和大量的专业知识，则建议在尽可能少的设施内进行分析。

3.4　样品处理协议

本章提供了在GAW观测站气溶胶化学测量滤膜样品处理协议的一般指南。国家级观测网络可以制定更详细的协议。滤膜应装在清洁环境里中央设施的滤膜支架(滤膜包)中，以尽量减少对洁净室设施和每个现场培训相关的需要。通过对滤膜的最小化处理，可避免污染和滤膜损失。装满的滤膜包应密封运输至观测站。一个重要数字，所有滤膜和滤膜包中5%～10%应作为现场空白。现场空白的处理应与样品完全相同，甚至可以将它们安装在采样装置中。唯一不同的是空气没有通过它们抽进来。在发生局地污染时应避免采样(见2.4节)。GAW站在选址时应考虑尽量减少局地污染的影响；尽管如此，仍然应制定标准，以尽量减少局地污染对测量的影响，并且仪器的设计也应执行相关的标准。应保持每个采样滤膜包的现场日志。日志应记录与每个滤膜包采样有关的所有相关信息，包括对采样期间气象条件、可能影响采样的活动，以及其他质量控制标志的简要说明。暴露在外的滤膜包应在采样后重新密封，储存在黑暗的地方，并尽快返回实验室，以尽量缩短采样和分析之间的时间。在运往实验室和在实验室储存期间，样品应保持冷却，以避免挥发和化学性质变化。应对现场关键采样信息日志进行复制，并将它们与滤膜包一起送到实验室。理想情况下，流量记录也应随滤膜包一起送到实验室。在实验室，这些信息可用于筛选正确的采样。理想情况下，在现场采样阶段的所有记录的保存，都将使用为此目的而设计的合适的计算机软件进行电子化管理，并且除了如上所述的物理记录处理外，还可以将记录以电子方式传送到实验室。

滤膜包应在清洁的环境中卸下，例如，在经过滤的通风橱手套式操作箱中，空气中应不含颗粒物、氨或其他半挥发性气体。在重新加载新的滤膜之前，需要对滤膜包进行清洁。

3.5　连续在线测量仪器

过去的十多年中，在自动化和气溶胶样品采集与分析任务的合并，以及开发连续或半连续的仪器(Baltensperger et al.，2001)方面，已经进行了研究和开发努力。这些努力取得了显著的突破。在测量技术方面取得重大进展。新的仪器正在不断改进，以达到值得观测站网考虑应用的程度。数据的提取和报告等常规程序日趋成熟。尤其值得注意的是，现在的商业公司可以提供气溶胶质量浓度、化学成分和黑碳质量浓度的测量仪器。与上面所述的在GAW观测网络上进行的常规滤膜采样和实验室分析相比，这些仪器的应用，增加了气溶胶化学特性的可用信息，特别是时间分辨率。对于一些GAW的活动，例如来自民航飞机IAGOS(用于全球观测系统的在役飞机)的常规测量，高时间分辨率是测量的先决条件；尽管目前连续仪器的产量可能还不能满足此类应用的其他技术要求。

从20世纪90年代末开始，TEOM(锥形元件振荡微天平)被广泛应用于气溶胶质量浓度的测量。这种仪器提供连续的测量，并能产生高时间分辨率数据。原来的TEOM有一个建议的50 ℃的温度设置。但有证据表明，在这个温度下，气溶胶中的半挥发性成分在TEOM测量中损失了。最可能的解释是，气溶胶中的半挥发性有机物质、硝酸盐和水汽在采样过程中损失了。在较新型的TEOM中，工作温度降低到了30 ℃，以减少半挥发性成分的损失。此外，环境相对湿度的突然变化也会导致仪器的质量浓度读数为负值。为减少环境相对湿度的影响，对仪器进行了新的改进，即在测量之前对气溶胶颗粒物进行干燥(Baltensperger et al.，2001)。然而，尽管对进气口进行了调节，但经常发现由于TEOM采样中气溶胶的挥发所造成的偏差相对是比较高的。因此，在一些空气质量监测网络中，已应用的TEOM已开始被其他仪器所取代。

一种具有竞争力的连续或半连续的气溶胶质量浓度测量仪，其原理是基于气溶胶质量浓度对β射线的衰减。β射线的源通常是^{14}C或^{85}Kr，而衰减量可用已知的质量浓度来校准。采样可以使用单独的滤膜或滤带，通滤膜的β射线被持续监测。根据进气口的结构，考虑到挥发性，β射线仪器可能与TEOM一样具有内在的困难。然而，与重量分析法相比，通常会具有较为合理的一致性(Baltensperger et al.，2001)。有几家公司提供β射线的仪器。大多数的β射线仪器是基于半连续的方法，时间分辨率通常在30 min或更长。获得认可的一种仪器是热科学公司的同步混合实时环境颗粒物监测仪(SHARP 5030)，它以β射线衰减原理为基础，同时结合气溶胶散射测量来提高气溶胶质量浓度测量的精度。SHARP 5030可以1 min或更长的分辨率对气溶胶质量浓度进行测量，这取决于气溶胶的载荷。美国环境保护局(US EPA)建议将该仪器作为$PM_{2.5}$测量的联邦等效方法(FEM EQPM-0609-184)。

在气溶胶的化学成分方面，已经有了重大的技术进步，仪器可对黑碳气溶胶质量浓度、硫酸盐气溶胶、硝酸盐气溶胶、铵盐气溶胶和有机物质量浓度进行实时连续测量。对于黑碳气溶胶，单颗粒黑碳光度计(SP2)已成功用于测量空气中颗粒物耐热黑碳(rBC)的质量浓度和数浓度(Kondo et al.，2011)。SP2仪器测量的是单颗粒中范围在0.5～300 fg(毫微微克)的rBC物质吸收激光能量并被加热到大约4000 ℃时所发射的白炽光的强度。粒子中rBC物质的质量浓度与白炽光的强度成正比，因此可被定量。利用同样的测量原理，高分辨率激光诱导白炽光仪器(HSLII)测的是在给定空气体积中一组粒子的rBC物质的总体质量浓度，包括小于0.5 fg的rBC质量浓度(乃至等效粒径约为5 nm的rBC的质量浓度)。SP-AMS仪器将SP2的激光吸收模块与气溶胶质谱仪结合起来，可以测量rBC的质量浓度及其碳群集(Onasch et al.，2012)。SP2、HSLII和SP-AMS在环境空气中测量的时间分辨率可能非常高，可从亚秒级到分钟级。

作为气溶胶质谱仪的简化版本的气溶胶化学成分监测仪(ACSM)，是一种同时连续测量硫酸盐气溶胶、硝酸盐气溶胶、铵盐气溶胶、氯化物和有机物浓度的仪器。在ACSM中，空气中的颗粒物被采样到一个由不同的泵抽成的高真空腔中，在气溶胶轨迹上使用平行的气溶胶透镜，使气溶胶粒子撞击在一个保持在600 ℃的加热器(Ng et al.，2011)上。气溶胶粒子一旦与加热器接触，粒子中的非难熔成分便被电子碰撞蒸发和电离，产生带电的质量碎片，这些碎片将被四极杆质谱仪或飞行时间质谱仪检测。质量碎片的信号用于确定硫酸盐气溶胶、硝酸盐气溶胶、铵盐气溶胶、氯化物和有机物的浓度，使用基于硝酸铵和其他成分的已知(或假设)相对电离效率进行电离效率校准。时间分辨率可以短到几分钟,这取决于气溶胶的载荷。当前ACSM采样进气口的设计,仅允许仪器采集0.05～1.0 μm范围内的气溶胶(Ng et al.,2011)。

最近的技术发展,也使在线气溶胶化学成分测量成为可能。例如,气溶胶颗粒物可以被收集到撞击板上用于在线检测,其中硫酸盐气溶胶和硝酸盐气溶胶分别被转化为SO_2和氮氧化物,Stolzenburg和Hering(2000)最近展示了一种使气溶胶撞击到金属板上、在高温下使颗粒物汽化的方法来对气溶胶进行采样的系统,并将硝酸盐转化为NO_x进行化学发光检测。与溶蚀器滤膜组合法测定硝酸盐的方法具有可比较性。由于检测方法不同,通常情况下,这些仪器中每台仪器只能测量一种成分,但可对直径大于1 μm的较大气溶胶进行采样。

应当注意的是就GAW气溶胶化学测量计划而言,现有的连续和半连续的仪器并不是万能的。虽然使用这些类型的仪器代替常规的滤膜组合采样程序具有明显的优势,但使用这些仪器进行长期的趋势测量也存在一些问题。首先,需要全面评估这些连续的气溶胶仪器在GAW观测站进行长期使用的适用性。虽然美国环保局已经为一些气溶胶质量浓度测量仪器建立一些联邦等效方法,但其他连续仪器直到现在才进行评估。GAW的一些观测站,已经开始使用SP2仪器进行黑碳的测量;不久之后将会获得对SP2用于长期测量的适用性的评估结果。ACSM已在一些GAW的全球和区域观测站进行了使用,基于评估考虑,这些设备的使用已带来一些挑战。特别关注的问题,包括仪器长期使用的稳定性和耐久性,以及随气溶胶化学成分变化的非典型采集效率。为建立在线气溶胶化学校准中心采取的倡议行动受到了GAW的高度鼓励。

其次,当连续仪器在像GAW这样的观测网络使用时,需要有适用的标准操作规程、合适的参考材料和既定的校准程序。鉴于这些仪器的复杂性,需要建立观测网络使用的标准操作规程,这是有待完成的任务。仪器的操作和校准带来巨大挑战,尤其对偏僻的观测站是如此,当需要有专门的辅助仪器进行校准时也如此。作为质量保证措施,需要有一个设备服务中心来组织和协调观测网络间连续仪器的定期比对活动。另一个挑战是这些连续仪器及其测量处理后产生的大量数据,这将需要大量的资源用于质量保证/质量控制和分析。

第三,使用连续/半连续仪器进行气溶胶化学成分综合监测项目的费用,预计将高于常规的滤膜组合采样/实验室分析。连续仪器的选择意味着在多个地点需要多个连续仪器;在同样的资金条件下,这也许限制了地点的数量,以及原本可用常规方法维持的空间覆盖范围。与常规滤膜采样和实验室分析相比,大量连续数据以及分析的质量保证和质量控制工作可能会增加更多成本。

最后,但可能更重要的是,连续仪器也存在着一些技术限制;例如,对于SP2,rBC质量浓度检测范围通常在0.5～300 fg;SP2仪器的检测低端可能会漏掉含有非常小的rBC质量浓度的那部分颗粒。目前,这一部分是通过rBC质量粒度分布的外推来估计的。ACSM不能提供有关气溶胶的难熔成分的信息,并且忽略了超微米颗粒的化学成分。因此,为了全面测定气溶胶的成分,需要多种类型的连续/半连续仪器来代替常规的滤膜组合采样/实验室分析方法,这样会抵消连续仪器的一些优点。一种最佳的方法,可能是将常规滤膜组合采样/实验室分析方法与一些连续仪器相结合,以获得互补性的观测结果。

如果要使用连续仪器代替GAW推荐的常规滤膜组合采样/实验室分析,则应在两种方法之间建立等效性。为了建立这样的等效性，需要遵循一种严格的方法来评估连续仪器的准确性和精密度，类似于US EPA在建立FEMs时遵循的方法。

3.6 质量保证与质量控制计划

GAW气溶胶化学测量的目标，是获得在十年或几十年尺度上的准确长期记录。因此，测量活动应有质量保证和数据质量控制，最好由指定人员进行。这里给出了QA/QC原则的一般描述，作为各个站点修改或采用其长期QA/QC项目指南的基础。除现场记录（物理或电子记录）外，还建议从事化学测量的GAW站，网络的每个观测站的样品回收率记录应按固定的时间表加以保持（如每月或每季度）。如果需要，这些记录可作为纠正行动的依据。

遵守采样与分析的标准操作指南和程序的情况，应按与上述回收率记录相同的时间表加以记录。对于这些事项，应制定标准操作程序的合规标准，以便进行检查。在化学分析完成后，应对原始数据进行质量控制检查，标识出可疑的分析以便在需要时进行重复分析。所有分析结果应与每个样品的空气体积等现场数据正确合并，以得出最终的空气浓度数据。所有这些数据应按照第9章中所述的电子数据系统的格式加以记录。需要记录的数据包括采样数据、采样标志、校准数据、样品回收率调查、分析结果、实验室标志和符合性情况等。在被中央数据中心记录之前，这些数据应与辅助测量数据合并。

分析程序的质量控制应至少包括3个步骤：1）让实验室参加实验室间的比对来进行性能检验；2）按照常规分析顺序，与常规样品一起分发质量控制标准样品；3）定期安排相同样品的重复分析。应为采样/样品处理和分析开发单独的标记集。在提交到中央数据中心之前，应将标志与最终结果一起合并记录。质量保证包括定期方案的校准，以及对已知的连续和现场测量问题的数据进行标记。应强调的是，应使用适当的标准来校准这些仪器。原始数据，连同标记和校准数据一起，应正确存档。应在定期安排的基础上，将这些数据正确地转换为最终的浓度，并使用提交给数据中心的预定义的格式进行记录。向GAW世界气溶胶数据中心提交数据的时间表应与样品回收调查的时间表相同。

随着GAW观测站气溶胶化学连续观测仪器的出现和应用愈来愈广，应考虑以下质量保证措施或设定实现这些措施的目标：

1）使用滤膜组合采样和实验室分析，建立与US EPA联邦参考方法类似的已知参考方法间的等效性方法。

2）建立连续仪器的标准操作规程。这可以基于制造商的建议或其他相关来源，例如可能由US EPA提供、但适用于GAW观测网络的建议。

3）建立定期开展仪器比对的网络中心，为GAW观测网络在率先长期使用某些特定类型连续仪器时，提供仪器运行方面的专家意见。

4）建立数据提取、处理和报告的标准程序。

随着连续仪器技术的成熟和成本的降低，预计它们将被更广泛地应用于GAW和其他网络的长期测量计划中。在向WDCA提交数据之前，需要为来自于这些仪器的大量数据制定和实施质量保证和质量控制计划。

参考文献

Appel B R,1993. Atmospheric sample analysis and sampling artefacts[M]// Willeke K,Baron P A. Aerosol Measurement:Principles,Techniques and Applications. New York,NY:Van Nostrand Reinhold:233-259.

Baltensperger U,Weingartner E,Burtscher H, et al,2001. Dynamic mass and surface area measurements [M]// Baron P A,Willeke K. Aerosol Measurement. New York:John Wiley and Sons:387-418.

Baron P A,Willeke K,2001. Aerosol Measurement,Principles,Techniques,and Applications:Second Edition [M]. New York:Wiley-Interscience.

Cahill T A,Eldred R A,Motallebi N,et al,1989. Indirect measurement of hydrocarbon aerosols across the United States by non-sulphate hydrogen-remaining gravimetric mass correlations[J]. Aerosol Science and Technology,10:421-429.

Charlson R J,Langner J,Rodhe H,et al,1991. Perturbation of the northern hemisphere radiative balance by backscattering from anthropogenic sulphate aerosols[J]. Tellus,43AB:152-163.

Choi M Y,Chan C K,2002. The effects of organic species on the hygroscopic behaviours of inorganic aerosols [J]. Environmental Science and Technology,36:2422-2428.

Chow J C,1995. Measurement standards to determine compliance with ambient air quality standards for suspended particles[J]. Journal of the Air & Waste Management Association,45:320-382.

Chow J C,Watson J G,Antony Chen L-W, et al,2007. The IMPROVE_A temperature protocol for thermal/optical carbon analysis:Maintaining consistency with a long-term database[J]. Journal of the Air & Waste Management Association,57:1014-1023,doi:10. 3155/1047-3289. 57. 9. 1014.

Chow J C,Watson J G,Crow D, et al,2001. Comparison of IMPROVE and NIOSH carbon measurements[J]. Aerosol Science and Technology,34:23-34.

Chow J C,Watson J G,Pritchett L C, et al,1993. The DRI thermal/optical reflectance carbon analysis system:Description,evaluation and applications in US air quality studies[J]. Atmospheric Environment,27A: 1185-1201.

Cruz C N,Pandis S N,2000. Deliquescence and hygroscopic growth of mixed inorganicorganic atmospheric aerosol[J]. Environmental Science and Technology,34:4313-4319.

Dutkiewicz V A,DeJulio A M,Ahmed T, et al,2014. Forty-seven years of weekly atmospheric black carbon measurements in the Finnish Arctic:Decrease in black carbon with declining emissions[J]. Journal of Geophysical Research and Atmospheres,119,doi:10. 1002/ 2014JD021790.

Henning S,Weingartner E,Schwikowski M, et al,2003. Seasonal variation of the aerosol chemical composition at the high-alpine site Jungfraujoch (3580 m asl)[J]. Journal of Geophysical Research,108(D1): 4030,doi:10. 1029/2002JD002439.

Hildemann L M,Klinedist D B,Klouda G A, et al,1994. Sources of urban contemporary carbon aerosol[J] Environmental Science and Technology,28:1565-1576.

Huang L,Brook J R,Zhang W, et al,2006. Stable isotope measurements of carbon fractions (OC/EC) in airborne particulate:A new dimension for source characterization and apportionment[J]. Atmospheric Environment,40:2690-2705.

Husain L,Khan A J,Ahmed T, et al,2008. Trends in atmospheric elemental carbon concentrations from 1835 to 2005[J]. Journal of Geophysical Research,113:D13102,doi:10. 1029/2007JD009398.

Jacobson M C,Hansson H-C,Noone K J, et al,2000. Organic atmospheric aerosols:Review and state of the science[J]. Reviews of Geophysics,38:267-294.

Kondo Y,Sahu L,Moteki N, et al,2011. Consistency and traceability of black carbon measurements made by laser-induced incandescence, thermal-optical transmittance, and filter-based photo-absorption techniques [J]. Aerosol Science and Technology, 45: 295-312.

Krivacsy Z, Gelencser A, Kiss G, et al, 2001. Study on the chemical character of water-soluble organic compounds in fine atmospheric aerosol at the Jungfraujoch [J]. Journal of Atmospheric Chemistry, 39: 235-259.

Leaitch W R, Isaac G A, Strapp J W, et al, 1992. The relationship between cloud droplet number concentrations and anthropogenic pollution: Observations and climatic implication[J]. Journal of Geophysical Research, 97: 2463-2474.

Lee K W, Ramamurthi M, 1993. Filter collection[M]// Willeke K, Baron P A. Aerosol Measurement. Principles, Techniques and Applications. New York, NY: Van Nostrand Reinhold: 179-205.

Lodge J P, 1988. Methods of Air Sampling and Analysis: 3rd ed[M]. Inc, Chelsea, MI: USA Lewis Publishers: 763.

Malm W C, Sisler J F, Huffman D, et al, 1994. Spatial and seasonal trends in particle concentration and optical extinction in the United States[J]. Journal of Geophysical Research, 99(D1): 1347-1370.

Matthias-Maser S, Jaenicke R, 1994. Examination of atmospheric bioaerosol particles with radii > 0.2 mEx [J]. Journal of Aerosol Science, 25: 1605-1613.

Ng N L, Herndon S C, Trimborn A, et al, 2011. An Aerosol Chemical Speciation Monitor (ACSM) for routine monitoring of the composition and mass concentrations of ambient aerosol[J]. Aerosol Science and Technology, 45: 770-784, doi: 10.1080/02786826.2011.560211.

NIOSH, 1999. Method 5040 Issue 3 (Interim): Elemental Carbon (Diesel Exhaust). In NIOSH Manual of Analytical Methods[M]. Cincinnati, OH: National Institute of Occupational Safety and Health.

Onasch T, Trimborn A, Fortner E, et al, 2012. Soot particle aerosol mass spectrometer: Development, validation, and initial application[J]. Aerosol Science and Technology, 46: 804-817.

Petzold A, Ogren J A, Fiebig M, et al, 2013. Recommendation for reporting "black carbon" measurements [J]. Atmospheric Chemistry and Physics, 13: 8365-8379. www.atmos-chemphys.net/13/8365/2013/, doi: 10.5197/acp-13-8365-2013.

Rogge W F, Mazurek M E, Hildemann L M, et al, 1993. Quantitation of urban organic aerosols at a molecular level: Identification, abundance and seasonal variation[J]. Atmospheric Environment, 27A: 1309-1330.

Schauer J J, Mader B T, Deminter J T, et al, 2003. ACE-Asia intercomparison of a thermal-optical method for the determination of particle-phase organic and elemental carbon[J]. Environmental Science and Technology, 37: 993-1001.

Schauer J J, Rogge W F, Hildemann L M, et al, 1996. Source apportionment of airborne particulate matter using organic compounds as tracers[J]. Atmospheric Environment, 30: 3837-3855.

Schmid H, Laskus L, Abraham H J, et al, 2001. Results of the "carbon conference" international aerosol carbon round robin test stage I[J]. Atmospheric Environment, 35: 2111-2121.

Stolzenburg M R, Hering S V, 2000. Method for the automated measurement of fine particle nitrate in the atmosphere[J]. Environmental Science and Technology, 34: 907-914.

Tang I N, Munkelwitz H R, 1994. Water activities, densities, and refractive indices of aqueous sulphates and sodium nitrate droplets of atmospheric importance[J]. Journal of Geophysical Research, 99: 18801-18808.

Tang I N, Munkelwitz H R, Davis J G, 1978. Aerosol growth studies-IV. Phase transformation of mixed salt aerosols in a moist atmosphere[J]. Journal of Aerosol Science, 9: 505-511.

Tierney G, Conner W, 1967. Hygroscopic effects on weight determinations of particulates collected on glass-fibre filters[J]. Journal of American Industrial Hygiene Association, July-August: 363-365.

Turpin B J, Huntzicker J J, Hering S V, 1994. Investigation of organic aerosol sampling artifacts in the Los

Angeles basin[J]. Atmospheric Environment,28:3061-3071.

Turpin B J,Lim H J,2001. Species contributions to $PM_{2.5}$ mass concentrations:Revisiting common assumptions for estimating organic mass[J]. Aerosol Science and Technology,35:602-610.

Turpin B J,Saxena P,Andrews E,2000. Measuring and simulating particulate organics in the atmosphere: Problems and prospects[J]. Atmospheric Environment,34:2983-3013.

Weingartner E, Gysel M, Baltensperger U, 2002. Hygroscopicity of aerosol particles at low temperatures. 1. New low-temperature H-TDMA instrument:Setup and first applications[J]. Environmental Science and Technology,36:55-62.

Willeke K,Baron P A,1993. Aerosol Measurement:Principles,Techniques and Applications[M]. New York, NY:Van Nostrand Reinhold:876.

Yang F,Huang L,Sharma S, et al,2011. Two-year observations of fine carbonaceous particles in variable sampling intervals at a rural site in southern Ontario[J]. Atmospheric Environment, 45(14): 2418-2426. doi:10. 1016/j. atmosenv. 2011. 02. 012.

联系方式:

JohnLiggio
Environment Canada
4905 Dufferin Street
Toronto ON Canada M3H 5T4
E-mail:John. liggio@ec. gc. ca

Trish Quinn
NOAA PMEL
7600 Sand Point Way NE
Seattle,WA 98115
E-mail:patricia. k. quinn@noaa. gov

4 气溶胶辐射特性的现场测量

4.1 导论

评估气溶胶粒子对气候和空气质量(能见度)的影响,需要了解气溶胶的辐射特性。对这些应用有价值的基本量,是单位体积空气中气溶胶粒子的消光截面,通常称为(气溶胶)粒子消光系数(σ_{ep}),其常用单位为 m^2/m^3(即 m^{-1})、km^{-1} 或 Mm^{-1}(10^{-6} m^{-1})。粒子消光系数是粒子光散射系数(σ_{sp})和光吸收系数(σ_{ap})之和。根据 Koschmieder 定律(Koschmieder, 1924),局部视程与大气总消光系数(550 nm 波长)有关,$V=3.9/S_e$,其中粒子和气体的光散射和吸收对大气总消光系数的贡献是,$\sigma_e=\sigma_{ep}+\sigma_{eg}$。气体的光散射系数($\sigma_{sg}$)是一个已知的量,它与空气密度成正比,与波长的四次方成反比,在波长为 550 nm、标准温度和压力(273.15 K,101.325 kPa)条件下的值为 12.3 Mm^{-1};详见 Bodhaine 等(1999)。与光散射相比,气体对太阳辐射的吸收通常可以忽略不计,但含有高浓度 NO_2 的羽流除外。

对于辐射气候研究,除了垂直大气柱内粒子消光系数的积分外(气溶胶光学厚度,见第 7 章),还需要关于散射光的角分布和光散射与吸收的相对量的信息。为综合解释气溶胶光学厚度和地面的粒子光散射和吸收系数测量,需要了解气溶胶粒子的垂直分布,这可从激光雷达测量中获得(见第 8 章)。有了关于主要气溶胶成分的质量散射截面的附加信息,结合对气溶胶粒子辐射特性对与相对湿度(RH)依赖性的了解,便可以从各种气溶胶成分空间分布的模式预测中计算气溶胶粒子的辐射效应。Ogren(1995)、Heintzenberg 和 Charlson(1996)概述了确定气溶胶粒子对地球辐射平衡影响所需要的气溶胶特性,表 4.1 给出了这些特性的摘要信息。

表 4.1　气候研究需要的气溶胶粒子辐射特性

σ_{ep} σ_{sp} σ_{ap}	体积消光截面,通常称为**粒子消光系数**,常用单位为 Mm^{-1}(10^{-6} m^{-1})。是**粒子光散射系数**(σ_{sp})和**光吸收系数**(σ_{ap})之和,$\sigma_{ep}=\sigma_{sp}+\sigma_{ap}$。
δ	**气溶胶光学厚度**,定义为垂直大气柱内粒子消光系数的积分。
ω_0	**气溶胶粒子单次散射反照率**,定义为 σ_{sp}/σ_{ep},描述了粒子散射和吸收对粒子消光的相对贡献。纯散射性气溶胶粒子(如硫酸盐)的值为 1,而极强的吸收性气溶胶粒子(如黑碳)的值约为 0.3。
g,β	辐射传输模型通常需要散射光角分布(相函数)的两个积分特性之一:不对称因子 g 或向上散射分数 β。不对称因子是相函数余弦的加权平均值,从完全后向散射光的 −1 到完全前向散射光的 +1。向上散射分数 β 给出了向上散射(返回空间)的太阳光的部分,这取决于太阳天顶角以及粒子的粒径分布和化学成分。β 可由半球后向散射分数 b 估算(见 4.2 节)。
MSC_i	物质 i 的**质量散射截面**(MSC),通常被计算为与 σ_{sp} 和化学成分的质量浓度相关的线性多元回归线的斜率,用于化学传输模式中,以评估模式预测的每种化学物质的辐射效应。这个参数的单位为 m^2/g。

续表

MAC_i	物质 i 的**质量吸收截面**(MAC),通常被计算为与 σ_{ap} 和化学物质的质量浓度相关的线性回归线的斜率,用于化学传输模式中,以评估模式预测的每种化学物质的辐射效应。这个参数的单位为 m^2/g。
f(RH)	气溶胶消光系数的组成部分(σ_{ep}、σ_{sp}、σ_{ap})与相对湿度的函数关系,表示为在低参考相对湿度(通常<40%)条件的倍数值。

以上所有参数都是波长的函数。由幂律 $\sigma_{sp} \propto \lambda^{-\mathring{a}s}$ 定义的 Ångström 散射指数,描述了散射光的这种波长依赖性。关于气溶胶光学厚度的文献使用符号 α 表示 Ångström 指数。

类似的公式,被用来描述气溶胶光学厚度和粒子光吸收($\mathring{a}_a$)的波长依赖性。当光散射和光学厚度主要受亚微米颗粒物支配时 $\mathring{a}_s$ 通常为 2(对于 550～77 nm 波长对),而当散射受矿物粉尘或海盐之类较大的颗粒支配时,这个数值则接近于 0。Ångström 吸收指数主要由吸收性颗粒物的化学成分和混合状态控制,而不是它们的粒径谱分布。就 GAW 测量而言,建议使用包括可见光谱在内的多波长测量。虽然为(从地基遥感传感器或卫星上的遥感传感器)监测大气气溶胶,协调这些波长与其他光谱传感器所用的波长是可取的,但目前正被使用的波长已是一个大数目。因此,与其他仪器相比,通常需要在使用的波长之间进行内插。许多用于确定粒子光散射和吸收系数的仪器,都有一个波长约为 550 nm 的通道,该波长位于可见光谱的中间,为不同地点观测值的比较以及与标准能见度观测值进行比较提供了参考波长。Blanchet(1982)曾证明,在 700 nm 波长处测得的 σ_{ep}、ω_0 和 g 的值,可用于辐射传输模式,以代表这些参数在太阳光谱上的平均值。因此,就用于气候研究而言,700 nm,作为 550 nm 之后的第二个波长是一个好的选择。最后,由于某些吸收性物质(例如矿物粉尘中的赤铁矿和某些有机物质)在较短波长下表现出强烈的波长依赖性,建议选用 450 nm 处或更短的第三个波长。

4.2 气溶胶粒子的光散射特性

粒子光散射系数 σ_{sp},通常用积分浊度仪来测量(Heintzenberg et al.,1996)。自 1974 年在 NOAA 的 Mauna-Loa 观象台开始使用 4 个波长的仪器以来,积分浊度仪就已在一些本底观测站开始运行。目前,GAW 观测站信息系统(GAWSIS,http://gaw.empa.ch/gawsis/default.asp)报告有 21 个 GAW 全球站、25 个 GAW 区域站和 29 个全球贡献站开展了 σ_{sp} 的连续测量。其中一些台站运行的是单波长的仪器,但大多数台站使用 3 个波长测量 σ_{sp}。目前,在 GAW 观测站使用的多波长积分浊度仪有两种型号:TSI 3563 型(TSI 公司,美国圣保罗)和 Ecotech Aurora 3000 型(Ecotech,澳大利亚墨尔本)。这些仪器运行的蓝色、绿色和红色光谱部分的波长相互稍有不同(TSI:450 nm、550 nm 和 700 nm;Ecotech:450 nm、525 nm 和 635 nm),并且能够在两个角度范围内测量 σ_{sp}:总散射(TSI:7°～170°;Ecotech:9°～170°)和半球后向散射(90°～170°,表示为 σ_{sp})。尽管尚无可用于直接确定非对称参数 g 或向上散射分数 β 的仪器,但可使用比率 $b=\sigma_{bsp}/\sigma_{sp}$ 来估计这两个参数中的任何一个(Marshall et al.,1995;Wistcombe et al.,1976;Andrews et al.,2006)。除可选择多角度积分范围外,Ecotech Aurora 4000 与型号 3000 类似;有了这个特性便可直接确定散射相函数和计算非对称因子。TSI 3563 和 Ecotech Aurora 3000/4000 的高灵敏度、多波长和后向散射能力,使它们非常适合监测气溶胶的光散射特性,以支持辐射气候研究。更简单、更便宜、灵敏度较低的单波长仪器也可从市场上买到。这些仪器可以为城市或区域场所的空气质量研究提供关于粒子光散射系数的有用信息,这些场所的粒子质量浓度较高,可以使用不太灵敏的仪器,并且不需要后向散射信息。

下面描述的程序主要基于 TSI 3563 的操作经验,但所述的一般性的注意事项也适用于其他浊度计。

Anderson 等(1996)报告了 TSI 3563 积分浊度计性能的实验室综合测定结果,包括对其灵敏度、线性、角响应和波长响应的表征结果。他们报告称,仪器"非理想性会导致典型积聚模态的颗粒粒径大小(即体积平均直径在 0.2～0.4 μm)的不确定度小于 10%",但直径大于 1.0 μm 的粒子的 σ_{sp} 的误差为 20%～50%。对于 TSI 3563,Anderson 和 Ogren(1998)建议了几个具体的操作程序:

1)首选的校准气体为空气和二氧化碳。

2)应对校准气体进行常规测量。

3)应定期从样品流中排除超微粒子。建议切割粒径为 1 μm(在低相对湿度下的空气动力学直径)。不过,请注意,对 GAW 观测站而言,并不强烈推荐这种方法。

4)对于消光平衡研究,应就非理想角效应采用一些修正系数。

随后,Heintzenberg 等(2006)和 Müller 等(2011)发布了由 Radiance Research 和 Ecotech 公司制造的浊度计性能的实验室研究结果,并将这些仪器的性能与 TSI 3563 进行了比较。

校准是通过向仪器中通入具有已知散射系数的无颗粒物的气体来实现的。大多数仪器使用过滤后的环境空气作为下限校准点,二氧化碳作为上限点。一般情况下,用空气进行自动校准应每小时一次到每天一次。应明确的是,空气校准时间表控制仪器本底测定的精度,为得到粒子的光散射系数是要从测量结果中减去本底的;这里的任何误差都严重影响仪器的检测限。因此,应选择空气校准的频率,以便使各次校准之间的零点漂移远小于现场测得的最小粒子的光散射系数。每天应至少进行 1 次空气校准。对 20 个 GAW 观测站 TSI 3563 浊度计每小时 1 次的空气校准(总共 50 万次测量)的评估得出,对于蓝色、绿色和红色波长通道,仪器本底测量精度(95%置信度)分别为 ±0.32 Mm^{-1}、±0.17 Mm^{-1} 和 ±0.26 Mm^{-1}。

使用其他气体进行校准的频率应大大降低(每隔 1～11 个月 1 次)。NOAA 对 14 个测站的 18 台不同的 TSI 3563 浊度计进行了每周 CO_2 测量的测试(共 3823 次测量),结果表明,浊度计对于蓝色、绿色、红色波长通道校准的精度(95%置信度)分别为 3.3%、3.5% 和 5.2%。

σ_{sp} 对相对湿度有很强的依赖性,为解释积分浊度计数据,需要了解样品体积中的相对湿度。由于使用白炽灯的浊度计中的光源对空气进行加热,因此,这个相对湿度可能低于进气口处的相对湿度。对于 TSI 3563,这种加热通常为 4～5 ℃,但是在移除盖子并使用一个外部风扇来增加灯周围通风的情况下运行仪器,可将其温度降低到 1 ℃左右;相比之下,Ecotech Aurora 3000/4000 中的 LED 光源并不明显地加热样品空气。幸运的是,在相对湿度低于40%时，对其的依赖是相当弱的，所以，如果相对湿度能保持在这个水平以下，就不需要精确地测定相对湿度。对于仪器的运行而言，选择一个参考湿度将有助于不同地点间结果的比较。在GAW气溶胶采样站点，使用的进气系统应包括相对湿度控制，以避免浊度计使用一个单独的相对温度控制器的必要性。然而，推荐的采样方案，包括测量浊度计内的相对湿度，因此，我们建议的参考相对湿度为30%～40%。

测量 f(RH)需要另一台浊度计，直接安装在加湿器的下游气路上。Anderson和Ogren(1998)报告了TSI 3563浊度计中的最小颗粒物的损失，使得浊度计下游的增湿浊度计在较低参考相对湿度条件下的运行成为可能；增湿浊度计也可以与参考的浊度计平行运行。这个测量的费用和复杂程度，妨碍了它在大多数GAW站点上的使用，但是在覆盖各种气溶胶类型的站点范围内获得这些测量结果还是有可取之处的(Zieger et al.，2013)。

气溶胶颗粒物的滤膜样品应以两种粒径进行采集(见第3章)。来自GAW积分浊度计采样的可能的衍生产品之一，是从滤膜样品中测定的化学成分的质量散射(和后向散射)截面。为实现这一点应采用与滤膜样品相同的粒径切割器，对提供给积分浊度计的气溶胶应进行粒径分离。这可以通过将撞击器与球阀平行放置在浊度计前的气流中来实现。通过每隔几分钟自动打开和关闭一次球阀，便能可以确定总的(<10 μm)和亚微米颗粒物的光散射系数。然而，这种方法的成功需要一个带有内部压力和温度传感器的浊度计，来自动补偿撞击器引起的样品空气密度的变化。由于这种复杂性，不强烈推荐在GAW观测站开展气溶胶粒子光散射系数的粒径分辨测量。

积分浊度计的日常维护量很小。灯和零空气过滤器是仪器中唯一的消耗品，且易更换。浊度计虽有过昆虫、蜘蛛甚至鸟类的进入，但它们的影响是很容易在数据中发现的。随着时间的推移，内部表面的灰尘积聚会导致不可接受的较高的本底水平，需要拆卸和清洁。确定需要维修的关键，是保持诊断参数(灯电流和电压、内部参考亮度、电源电压、空气校准结果)的日志，并培训现场人员查找这些参数的逐渐降低或突然变化。

现代积分浊度计配备有压力和温度传感器，以补偿由于密度变化而引起的空气散射系数的变化。同时，还配备了内部相对湿度传感器。这些传感器应每年进行一次检查。

4.3 气溶胶粒子的光学吸收特性

目前有两种方法用于测量粒子的光吸收系数，即基于滤膜的粒子光学吸收光度计(FAP)和光声光谱仪(PAS)；关于FAP仪器的技术概述可参阅Moosmüller等(2009)的文献，它是通过测量沉积在纤维滤膜上的颗粒物的透光率和/或反射率的变化来测量光吸收系数的。观测结果的解释，需要应用校正方案或用辐射传输程序对沉积的颗粒物和滤膜基质之间的相互作用进行补偿。此外，在某些情况下，用于测量粒子光学吸收系数的FAP方法被证明有较大偏差(Cappa et al.，2008；Lack et al.，2008)。尽管如此，与其他方法相比，FAP方法仍是非常灵敏、成本低和操作简单的方法。PAS仪器(Moosmüller et al.，1998；Arnotette et al.，2003)使用调制激光束照射空气中的颗粒物，激光束在加热颗粒的同时，也加热了周围的空气，使样品体积中的压力在调制频率下发生变化，这种压力变化可用麦克风检测。这些仪器测量的是悬浮在空气中的颗粒物的光吸收系数，避免了FAP仪器中颗粒物与滤膜间相互作用所产生的问题。

这两种方法的优缺点意味着，PAS 仪器非常适合于 FAP 仪器的校准、加密的野外观测和污染地区的测量，而 FAP 仪器则更适合乡村和偏远地区的 GAW 观测站的测量。

颗粒物光吸收系数的测量结果通常被报告为“黑碳”，这种对数据的解释有许多的不足。Petzold 等(2013)建议使用术语“黑碳”作为物质的定性描述，使用“当量黑碳”作为可测量光学吸收的黑碳的质量浓度。建议在报告 GAW 测量结果时使用此术语。Bond 和 Bergstrom (2006)以及 Bond 等(2013)详细讨论了光吸收碳质材料的 MAC 和 MSC 的值。

尽管基于滤膜的方法很难校准，但又需要校准，其原因是滤膜上光透射的变化与粒子吸收光学厚度间的关系取决于许多因素，包括特定滤膜介质和粒子光散射性质等。Heintzenberg 等(1997)对用于测定 S_{ap} 的方法进行了讨论，并得出“对光吸收系数的测量进行标准化和相互校准是非常明确的需要”的结论。关于仪器校准和相互间比对用的黑碳参考物质的专门研讨会(Baumgardner et al.，2012)表明，只就校准某些(而非全部)的测量方法而言，合适的标准参考物是可被获得的。研讨会报告还得出结论，在用光学衰减测量结果导出粒子光吸收系数的基于滤膜的仪器的校准方面尚没有公认的程序。

Bone 等(1999)和 Weingartner 等(2003)提出了通过与实验室测试气溶胶的参考技术进行比对来进行校准的第一种方法。报告的程序要求同时进行浊度计的测量，以订正滤膜上粒子光散射的重要影响。Sheridan 等于 2005 年对多种吸收测量方法进行过深入比对。他们报告说，对于与大气相关的粒子光吸收系数的水平，当正确应用校正方案时，所有参加比对的 PAS 和 FAP 技术的一致性在 11%以内。在随后召开的多个吸收比对研讨会期间(Muller et al.，2011)，发现 FAP 仪器与仪器间的台间可变性是很大的，即从 5%～30%，取决于仪器细节。这个观察到的台间可变性，突出了使用前对单个仪器的流量和滤膜采样点大小进行仔细的校准的必要性。

一种常用的 FAP 仪器是吸收光度计(Aethalometer，美国伯克利 Magee 科学仪器公司)。最初，这台仪器是根据黑碳的当量质量，而不是仪器响应的基本特性(气溶胶光吸收)来进行校准的。用黑碳来解释吸收光度计的数据，需要黑碳粒子的 MAC 值。当颗粒物沉积在滤膜上时，在 880 nm 波长通常用值 19 m^2/g；然而，应注意，这个 MAC 值包括了粒子与滤膜之间的相互作用，因而大于空气中悬浮的黑碳粒子的 MAC 值。已报告的不同区域和不同成分的气溶胶的 MAC 值的范围为 5～20 m^2/g(Liousse et al.，1993；Petzold et al.，1997)，这意味着应在每个使用 FAP 仪器估算黑碳质量浓度的地点，用试验测定 MAC 值(见 3.3.5.4 节)。

依据 Petzold 等(2013)的建议，吸收光度计的测量结果应首先报告粒子光吸收系数，其次是报告当量黑碳质量浓度。目前，在世界范围内还没有一个公认的最具代表性的订正方案适用于吸收光度计的测量，而且一些实验已经表明，订正方案中的参数是随时间和空间变化的(Weingartner et al.，2003；Arnott et al.，2005；Collaud Coen et al.，2010；Drinovec et al.，2015)。因目前吸收光度计数据的订正方法尚无共识，所以鼓励 GAW 观测站向世界气溶胶数据中心提交未经订正(0 级，见 9.3 节)的吸收光度计的观测数据，以便在订正方法取得共识可以使用时，所有 GAW 观测站运行的吸收光度计的数据都能得到一致的结果。

WCCAP 一直积极参与 AE-31 型吸收光度计数据订正方法的开发，其使用的粒子光吸收系数来自在几个不同气溶胶类型的观测站，同时使用多角度吸收光度计（MAAP，见下文）进行的测量。WCCAP认可的订正方法，是由ACTRIS团体开发的，在该方法中，使用单一倍数（C_0）将测得的衰减系数（b_{ATN}）转换为粒子光吸收系数（σ_{sp}），

$$\sigma_{ap}=b_{ATN}/C_0$$

式中，衰减系数根据AE-31吸收光度计报告的测量结果按下式计算得出：

$$ATN=-100\times\log_e\left(\frac{I}{I_0}\right)$$

$$b_{ATN}=\frac{1}{100}\frac{A}{Q}\frac{\Delta ATN}{\Delta t}$$

式中：

I——通过样品滤膜的透射光的强度；

I_0——采样开始前通过滤膜的透射光的强度；

A——滤膜采样斑点的面积；

Q——流量；

ΔATN——在时间段，Δt 内测量的ATN的变化。

AE-31报告的当量黑碳质量浓度与衰减系数有如下关系：

$$[EBC]=\frac{b_{ATN}}{SIGMA}$$

式中：

$SIGMA$——AE-31使用的“比衰减”（在波长660 nm时为22.2 m^2/g）。

注：$SIGMA$ 与表4.1中描述的质量吸收截面尽管具有相同的单位，但数量不同。

一份描述新的AE-31订正方案的初稿正在编写中，该方案在一份同行评议的期刊上发表后，很可能会被GAW采用。希望向WDCA（见9.3节）提交订正后的1级和2级吸收光度计数据的GAW观测站，应首先提交0级数据，然后使用上述方程且 $C_0=3.5$ 来计算粒子的光吸收系数。C_0 的值是所有被研究数据集的平均值，其不确定度约为25%。在WCCAP上进行的测量表明，C_0 的值适用于波长在450～700 nm的情况。建议数据提供者在向WDCA提交吸收光度计数据之前，先查阅本文件最新的在线版本，以获取可能更新的订正方案（http://www.wmo-gaw-wcc-asolent-physics.org/wmo-gaw-reports.html）。

早期型号的吸收光度计具有非常宽的波长响应，而较新型号的仪器则提供了多波长的窄带测量。订正方案仅适用于窄带吸收测量的仪器，因此，建议在GAW观测网中不要使用宽波段的仪器来测量粒子的光吸收系数。

对于型号AE-33，正在进行与AE-31相类似的研究。建议数据提供者查阅本文件最新的在线版本（http://www.wmo-gaw-wccaerosol-physics.org/wmo-gaw-reports.html）。

Bond等（1999）使用一种基于长程消光池测量的 σ_{sp} 和积分浊度计测量的 σ_{sp} 之间差异的校准标准，研究过粒子/烟尘吸收光度计（型号为PSAP，美国西雅图辐射研究中心）对具有不同单次散射反照率的不同实验室气溶胶的响应特征。他们报告了来自非吸收性颗粒物的响应，以及PSAP厂商校准曲线中的系统误差。Bond等（1999）报告的订正方案应该用于

GAW观测站所有的PSAP结果。最初的单波长PSAP的工作波长为565 nm,但Bond等(1999)报告的校准波长为550 nm。较新的三波长仪器的工作波长分别为467 nm、530 nm和660 nm。Ogren(2010)的报告指出,这些仪器,以及工作波长为530 nm的单波长PSAP,应该使用Bond等(1999)改进形式的订正方案。辐射研究中心的其他形式的PSAP已在GAW观测站使用,包括了斯德哥尔摩大学和NOAA制造的非商业化的仪器,以及NOAA仪器的商业版本(三色吸收光度计,“TAP”,美国加利福尼亚州海沃德市布莱希特尔制造厂)。

另一种基于滤膜的仪器,是由Thermo ESM Andersen Instruments(Erlangen,德国)生产的MAAP。MAAP采用与吸收光度计和PSAP不同的光学结构,除滤膜透射光的测量外,还测量两个不同角度的滤膜的反射率(Petzold et al.,2004)。这两个反射率的测量,可以对滤膜上沉积的颗粒物和滤膜基质间的多次散射过程进行订正。这种方法不需要使用基于气溶胶光散射系数独立测量的订正方案(Petzold et al.,2005)。MAAP标称的工作波长为670 nm,但经实验室试验表明,其实际波长为637 nm;因此,MAAP测得的粒子光吸收系数和当量黑碳质量浓度应乘以系数1.05(Müller et al.,2011)。

减少散射颗粒物对FAP仪器吸收特性影响的一种方法是将样品加热到300 ℃左右,这会将大部分散射颗粒物从滤膜中赶走,只留下耐热颗粒物(黑碳、矿物粉尘、海盐等)。COSMOS(日本Kanonmax公司)使用过这种方法,并证明能给出与难熔性黑碳和元素碳测量结果高度相关的结果(Kondo et al.,2011)。然而,这种方法的主要测量的是粒子的光吸收,因此,它首先应报告光吸收,其次是当量黑碳。

颗粒物光吸收测量应使用与其他气溶胶采样系统相同的进气系统(湿度和粒径控制)。当湿度变化时,基于滤膜的方法会产生不稳定的结果,在相对湿度较高的情况下尤其如此(Arnott et al.,2003)。应按照2.4节中提供的指导建议,确保在装有空调的实验室中样品的相对湿度保持在40%以下。基于滤膜方法的最小日常维护需求是:1)当透射光强太低时(约为初始强度的70%),应更换滤膜,MAAP、COSMOS和一些型号的吸收光度计能自动完成滤膜的更换;2)定期检查流量和灯的亮度;3)测量滤膜沉积层的样品面积(由于发现了仪器与仪器间的台间可变性)。

PAS技术在城市环境中非常有效(Arnott et al.,2005;Langridge et al.,2013)。然而,在洁净区域,仪器的噪声水平可能高于环境信号,妨碍了粒子光吸收系数的精确测量。PAS使用了声学技术,任何变化的环境噪声(如泵)都会影响测量结果。因此,这种仪器会有一条漂移的基线,特别是在调零时。建议在出气口处安装一个螺旋形特氟龙管/消声器来抑制噪声。在非常干净的环境中,频繁确定零点也是很重要的,至少每小时1次,在吸收测量结果接近仪器的检测限的情况下尤其要这样做。进气口的相对湿度应保持在50%以下,以避免相对湿度变化而产生的干扰。仪器应经过适当的校准。

4.4 气溶胶粒子的消光特性

尽管粒子的消光系数不在GAW观测站点推荐的现场气溶胶测量清单上,但它对GAW来说是非常重要的,其原因有两个:第一,将测量的消光系数与计算的散射系数与吸收系数的和进行比较。如果所有的仪器工作正常，则测量和计算的两个消光系数的值应该相等。如果它们之间的差大于测量的综合不确定度，则需要对三种仪器的校准和操作规程进行检查。第二，由于用于测量光吸收的FAP方法可能会因有机物的浓缩而造成较大的偏差(Cappa et al.,2008;Lack et al.,2008)，因此单独测量粒子消光系数可以对粒子光吸收系数中可能存在的较高的偏差进行评估。

在GAW中测量粒子消光系数的另一个应用，是作为光吸收系数参考方法的一个组成部分。WCCAP使用粒子消光系数和光散射系数之间的差值作为粒子光吸收系数的参考测量结果。尽管差值法通常不适用于测量环境空气中粒子的光学吸收，其不确定度可能会与差值本身一样大，但对于受控的试验气溶胶的实验室测量而言，这一缺限并不那么严重。

据了解，如今只有一种仪器，即CAPS PMex监测仪(光腔衰减相移，颗粒物消光；美国马萨诸塞州比勒利卡Aerodyne Research公司)在GAW观测站和WCCAP使用。该仪器的基本工作原理类似于光腔衰荡技术(Massoli et al.,2010)，这种仪器可见光光谱中的多个波长对应的型号可以从市场上购得。这种仪器与参考技术和一次粒子标准间的偏差小于5%，且仪器与仪器间的差异性小于4%(Petzold et al.,2013)。对于环境粒子的消光测量，建议使用工作波长为630 nm的仪器。如果使用的是运行在绿色光谱范围的仪器，则应考虑NO_2的交叉灵敏度。

根据厂家的信息，CAPS PMex监测仪不需校准。但是，建议用二氧化碳作为跨气(或称为量程气)对仪器的性能进行常规检查；详细信息请参阅积分浊度计的校准规程。可按照Bodhaine等(1999)的方法计算给定工作波长的二氧化碳的消光截面。在长期运行期间，腔体反射镜的反射率可能会降低，从而导致仪器总损耗(常用单位为Mm^{-1})的增加。当630 nm处的总损耗超过约500 Mm^{-1}时，建议对仪器的反射镜进行清洁。

这种仪器的一般操作注意事项与其他气溶胶仪器相同：应测量相对湿度，并应保持在40%以下，粒径控制应与其他气溶胶光学仪器相匹配。

4.5 数据报告、采样频率和数据编修

气溶胶粒子光学变量记录的时间分辨率，应能生成小时的统计数据，最好是从1 min周期的积分中生成。根据GAW数据提交指南(第9章)，数据应包括每小时的算术平均值，以及15.87和84.13分位数的值。数据的质量控制是每个观测站的责任，已知被污染或被其他方式损坏的数据应进行标记。所有气溶胶光学特性的测量应调整到标准的温度和压力(273.15 K,1013.25 hPa)。

4.6 质量保证和质量控制(QA/QC)注意事项

对于用来测量气溶胶光散射和吸收系数的仪器的性能的现场审核而言，尚无合适的气溶胶标准。对积分浊度计的校准，应每月进行1次，其方法是填充已知散射系数的气体(二氧化碳是一个合适的选择)，通过测量仪器的响应来进行校准。尽管非常需要，但尚无相应的可以用来审核基于滤膜的光吸收仪器的校准方法。作为替代，建议连续运行光吸收光度

计的 GAW 观测站，定期使用一台已用适当方法校准过的实验室的传递参考仪器，使上述那些仪器一起至少运行一周，以检查仪器响应的长期漂移。

测量流量、温度、压力和相对湿度的内部传感器的校准，应每年进行 1 次并存档。

参考文献

Anderson T A, Ogren J A, 1998. Determining aerosol radiative properties using the TSI 3563 integrating nephelometer[J]. Aerosol Science and Technology, 29: 57-69.

Anderson T L, Covert D S, Marshall S F, et al, 1996. Performance characteristics of a high-sensitivity, three-wavelength, total scatter/backscatter nephelometer[J]. Journal of Atmospheric Oceanic and Technology, 13: 967-986.

Andrews E J, Sheridan P J, Fiebig M, et al, 2006. Comparison of methods for deriving aerosol asymmetry parameter[J]. Journal of Geophysical Research, 111, D05S04, doi: 10. 1029/2004JD005734.

Appel B R, 1993. Atmospheric Sample Analysis and Sampling Artefacts [M]// Willeke K and Baron P A. Aerosol Measurement: Principles, Techniques and Applications. New York, NY: Van Nostrand Reinhold: 233-259.

Arnott W P, Hamasha K, Moosmüller H, et al, 2005. Towards aerosol light-absorption measurements with a 7-wavelength aethalometer: Evaluation with a photoacoustic instrument and 3-wavelength nephelometer [J]. Aerosol Science and Technology, 39: 17-29, doi: 10. 1080/027868290901972.

Arnott W P, Moosmüller H, Sheridan P J, et al, 2003. Photoacoustic and filter-based ambient aerosol light absorption measurements: Instrument comparisons and the role of relative humidity[J]. Journal of Geophysical Research, 108(D1): 4034, doi: 10. 1029/2002JD002165.

Arnott W P, Zielinska B, Rogers C F, et al, 2005. Evaluation of 1047 nm photoacoustic instruments and photoelectric aerosol sensors in source-sampling of black carbon aerosol and particle bound PAH's from gasoline and diesel powered vehicles[J]. Environmental Science and Technology, 39(14): 5398-5406.

Baumgardner D, Popovicheva O, Allan J, et al, 2012. Soot reference materials for instrument calibration and inter comparisons: A workshop summary with recommendations[J]. Atmospheric Measurement Techniques, 5: 1869-1887, doi: 10. 5194/amt-5-1869-2012.

Blanchet J P, 1982. Application of the Chandrasekhar mean to aerosol optical parameters[J]. Atmosphere-Ocean, 20: 189-206.

Bodhaine B A, Wood N B, Dutton E G, et al, 1999. On Rayleigh optical depth calculations[J]. Journal of Atmospheric Oceanic Technology, 16: 1854-1861, doi: 10. 1175/1520-0426(1999)016〈1854: orodc〉2. 0. co; 2.

Bond T C, Anderson T L, Campbell D, 1999. Calibration and intercomparison of filter-based measurements of visible light absorption by aerosols[J]. Aerosol Science and Technology, 30: 582-600.

Bond T C, Bergstrom R W, 2006. Light absorption by carbonaceous particles: An investigative review[J]. Aerosol Science and Technology, 40: 27-67.

Bond T C, Doherty S J, Fahey D W, et al, 2013. Bounding the role of black carbon in the climate system: A scientific assessment[J]. Journal of Geophysical Research, 118: 5380-5552, doi: 10. 1002/jgrd. 50171.

Cappa C D, Lack D A, Burkholder J B, et al, 2008. Bias in filter-based aerosol light absorption measurements due to organic aerosol loading: Evidence from laboratory[J]. Aerosol Science and Technology, 42: 1022-1032, doi: 10. 1080/02786820802389285.

Collaud Coen M, Weingartner E, Apituley A, et al, 2010. Minimizing light absorption measurement artifacts of the Aethalometer: Evaluation of five correction algorithms[J]. Atmospheric Measurement Techniques,

3:457-474.

Drinovec L, Močnik G, Zotter P, et al, 2015. The "dual-spot" Aethalometer: an improved measurement of aerosol black carbon with real-time loading compensation[J]. Atmospheric Measurement Techniques, 8: 1965-1979, doi: 10.5194/amt-8-1965-2015.

Heintzenberg J, Charlson R J, 1996. Design and applications of the integrating nephelometer: A review[J]. Journal of Atmospheric Oceanic Technology, 13(5): 987-1000.

Heintzenberg J, Charlson R J, Clarke A D, et al, 1997. Measurements and modelling of aerosol singlescattering albedo: Progress, problems, and prospects[J]. Contributions to Atmospheric Physics, 70(4): 249-263.

Heintzenberg J, Wiedensohler A, Tuch T M, et al, 2006. Intercomparisons and aerosol calibrations of 12 commercial integrating nephelometers of 3 manufacturers[J]. Journal of Atmospheric Oceanic Technology, 23: 902-914.

Kondo Y, Sahu L, Moteki N, et al, 2011. Consistency and traceability of Black Carbon measurements made by laser-induced incandescence, thermal-optical transmittance, and filter-based photo-absorption techniques [J]. Aerosol Science and Technology, 45: 295-312, doi: 10.1080/02786826.2010.533215.

Koschmieder H, 1924. Theorie der horizontalen Sichtweite[J]. Contributions to Atmospheric Physics, 43: 33-55.

Lack D A, Cappa C D, Baynard T, et al, 2008. Bias in filter-based aerosol absorption measurements due to organic aerosol loading: Evidence from ambient measurements[J]. Aerosol Science and Technology, 42: 1033-1041.

Langridge J M, Richardson M S, Lack D A, et al, 2013. Limitations of the photoacoustic technique for aerosol absorption measurement at high relative humidity[J]. Aerosol Science and Technology, 47(11): 1163-1173, doi: 10.1080/02786826.2013.827324.

Liousse C, Cachier H, Jennings S G, 1993. Optical and thermal measurements of black carbon aerosol content in different environments: Variation of the specific attenuation cross-section, sigma (σ) [J]. Atmospheric Environment, 27A: 1203-1211.

Marshall S F, Covert D S, Charlson R J, 1995. Relationship between asymmetry parameter and hemispheric backscatter ratio: Implications for climate forcing by aerosols[J]. Applied Optics, 34(27): 6306-6311.

Massoli P, Kebabian P L, Onasch T B, et al, 2010. Aerosol Light Extinction Measurements by Cavity Attenuated Phase Shift (CAPS) Spectroscopy: Laboratory validation and field deployment of a compact aerosol particle extinction monitor [J]. Aerosol Science and Technology, 44: 428-435, doi: 10.1080/02786821003716599, 2010.

Moosmüller H, Arnott W P, et al, 1998. Photoacoustic and filter measurements related to aerosol light absorption during the Northern Front Range Air Quality Study (Colorado, 1996/97) [J]. Journal of Geophysical Research, 103: 28149-28157.

Moosmüller H, Chakrabarty R K, Arnott W P, 2009. Aerosol light absorption and its measurement: A review [J]. Journal of Quantatitve Spectroscopy and Radiative Transfer, 110: 844-878.

Müller T, Laborde M, Kassell G, et al, 2011. Design and performance of a three-wavelength LED-based total scatter and backscatter integrating nephelometer[J]. Atmospheric Measurement Techniques, 4: 1291-1303, doi: 10.5194/amt-4-1291-2011.

Müller T, et al, 2011. Characterization and intercomparison of aerosol absorption photometers: result of two intercomparison workshops[J]. Atmospheric Measurement Techniques, 4: 245-268, doi: 10.5194/amt-4-245-2011.

Ogren J, 1995. In situ observations of aerosol properties[M]// Charlson R J, Heintzenberg J. Aerosol Forcing of Climate. New York: John Wiley & Sons: 215-226.

Ogren J,2010. Comment on bond, comment on "calibration and intercomparison of filter-based measurements of visible light absorption by aerosols" [J]. Aerosol Science and Technology,44:589-591.

Petzold A,Kopp C,Niessner R,1997. The dependence of the specific attenuation crosssection on black carbon mass fraction and particle size[J]. Atmospheric Environment,31:661-672.

Petzold A,Ogren J A,Fiebig M, et al,2013a. Recommendations for reporting "black carbon" measurements [J]. Atmospheric Chemistry and Physics,13:8365-8379,doi:10. 5194/acp-13-8365-2013.

Petzold A,Onasch T,Kebabian P, et al,2013b. Intercomparison of a Cavity Attenuated Phase Shift-based extinction monitor (CAPS PMex) with an integrating nephelometer and a filter-based absorption monitor [J]. Atmospheric Measurement Techniques,6:1141-1151,doi:10. 5194/amt-6-1141-2013,2013b.

Petzold A,Schlösser H,Sheridan P J, et al,2005. Evaluation of multiangle absorption photometry for measuring aerosol light absorption[J]. Aerosol Science and Technology,39:40-51.

Petzold A,Schönlinner M,2004. Multi-angle absorption photometry—A new method for the measurement of aerosol light absorption and atmospheric black carbon[J]. Journal of Aerosol Science,35:421-441.

Sheridan P J,Arnott W P,Ogren J A, et al,2005. The Reno Aerosol Optics Study:An evaluation of aerosol absorption measurement methods[J]. Aerosol Science and Technology,39:1-16.

Weingartner E,Saathoff H,Schnaiter M, et al,2003. Absorption of light by soot particles:Determination of the absorption by means of aethalometers[J]. Journal of Aerosol Science,34:1445-1463.

Wiscombe W J,Grams G W,1976. The backscattered fraction in two-stream approximations[J]. Journal of Atmospheric Science,33:2440-2451.

Zieger P,Fierz-Schmidhauser R,Weingartner E, et al,2013. Effects of relative humidity on aerosol light scattering:results from different European sites [J]. Atmospheric Chemistry and Physics, 13: 10609-10631,doi:10. 5194/acp-13-10609-2013.

联系方式:

Dr John A. Ogren
National Oceanic and Atmospheric Administration
R/GMD1,
325 Broadway
Boulder,Colorado 80305
USA
E-mail:John. A. Ogren@noaa. gov

5 颗粒物数浓度和粒径分布

5.1 颗粒物数浓度

颗粒物数浓度是一个宽粒径范围的粒子个数的单积分量，这个范围基本上包括颗粒物粒径分布中的成核模态、爱根核态和积聚模态。这样一些积分的颗粒物为多种目的服务：

• 大气的变化趋势：颗粒物数浓度表征了粒子在大气中的形成、排放和清除之间的瞬时平衡。

• 颗粒物粒径分布的验证：颗粒物数浓度是确定粒径分布的一个有用的属性。用来验证颗粒物粒径分布方法的一个手段，是把所测粒径范围（这里是指电迁移粒径谱仪所覆盖的超细和细颗粒物的粒径范围）的粒子数积分并与直接测得的颗粒物粒径分布相比较。

• 超细和细颗粒物的暴露：超细颗粒物（小于 100 nm 的颗粒物）的数浓度也被认为是大气气溶胶颗粒物对人健康不利影响中的一个可能因素（Oberdórster et al.，1995）。在城市和乡村环境中，超细颗粒物通常占颗粒物数浓度的主要部分。

• 局地污染事件的识别：附近的燃烧源能导致较高浓度的气溶胶，这应标记为局地污染。较高的颗粒物数浓度可用于对导致观测站点其他测量读数（例如粒子的光吸收系数）升高的局地污染事件的确认，但应注意的是，较高的颗粒物数浓度也可能是由于新颗粒物生成事件所引起的。

5.1.1 凝结粒子计数器

颗粒物数浓度可用市场销售的凝结核粒子计数器（CPC）测定。现代的 CPC 基于连续的气溶胶气流并可以单一计数模式工作。最常用的工作液是正丁醇。现代的正丁醇 CPCs 的工作原理可以简述如下：

• 在一个温度控制的饱和器中（如温度为 39 ℃的 TSI-CPC 3772 型），使用正丁醇对气溶胶气流进行饱和；

• 在冷却部分（冷凝器）中，依据 CPC 的类型（例如 TSI-CPC 3772 型与 3776 型），温度由 22 ℃降低至 10 ℃，以达到标称目标直径（10 nm 或 3 nm）50%的检测效率；

• 冷却会使得气态气溶胶和正丁醇达到过饱和，这取决于饱和器和冷凝器之间的温度差；

• 气态正丁醇凝结在颗粒物上，形成 10 μm 左右的液滴；

• 然后，气流通过喷嘴聚焦进入一个光学结构（激光二极管和光电检测器）中，每个液滴都被单独计数；

• 在已知计数率和体积流量后，便能计算出颗粒物数浓度；

• 当两个液滴同时处于检测体积时，会发生重合。这将被仪器自动进行订正，或事后订正。对于一台类似于 TSI 3772 型的 CPC，当颗粒物数浓度为 10000 cm^{-3} 时，重合误差约为 3%。对于这台 CPC，内部订正所允许的颗粒物数浓度测量结果可高达 50000 cm^{-3}。

为了确保数据的长期质量，应定期对 CPC 进行技术检查，最好每年用参考标准进行校准。经验表明，经过一年的环境空气连续测量后，由于激光功率衰减或聚焦喷嘴、临界锐口或光学元件的污染等，CPC 的性能通常会下降。当校准 CPC 时，CPC 内部的粒子损失被隐含在所测得的计数效率中。理想情况下，这台 CPC 应在观测网的设备校准服务中心或厂商处被比较。一台 CPC 的检测效率曲线的准确测定在很大程度上取决于所用的参考标准仪器，例如用来测量气溶胶气流中带电粒子的电流的一台经校准的气溶胶静电计的可追溯性。在知道了准确的气溶胶流量，并假设只有单个带电粒子的情况下，由静电计测得的电流，可以直接计算颗粒物数浓度。

5.1.2 校准

下文描述目前在莱比锡的 GAW-WCCAP 所做的 CPC 计数效率的测定(Wiedensohler et al.，1997；Wiedensohler et al.，2012)。

• 在经过管式炉和使用微分电迁移粒径分析仪(DMA)对 3～40 nm 范围内的单分散粒子进行选择后，使银气溶胶成核。对于粒径范围达 40 nm 的粒子，经 DMA 之后主要为单电荷粒子。由于来自于熔炉发生器的多分散性气溶胶相对较小(几何标准偏差为 1.3～1.4)，因此粒径达 40 nm 的双带电粒子的浓度可以忽略不计。

• 稀释后，将每台 CPC 粒径相关的响应与同一个参考静电计进行比较。所有各台 CPC 和那个气溶胶静电计都连接到一个共用的歧管上，这个歧管的设计目的是将粒子的损失降到最低。

• 在第一步校准中，使用几个凝结粒子计数器(如 TSI-CPC-3772)，对 40 nm 粒子的颗粒物数浓度进行对比。考虑到每个粒子计数器的实际流量，如果计数器运行正常，在平均值 40 nm 附近，仪器与仪器的台间的最大差异通常是±3%。

• 在 WCCAP 处，使用经校准的静电计。它应定期用德国国家计量研究所(PTB)的毫微微安的电流源加以校准。

• 在这种情况下，所有候选 CPC 和参考 CPC 之间具有坪区计数效率，为 100%±3%，还可以确定其他粒径小于或等于几纳米的计数效率。

5.1.3 网络测量

已建议 GAW 观测网内用于颗粒物数浓度测量的 CPCs 以 10 nm 为 50%检测效率直径。各种 CPC 计数效率曲线计算的例子见 Wiedensohler 等(1997)。某些项目可能有更广的科学范围，这将鼓励使用另一种直径为 3 nm 的检测效率为 50%的 CPC(超细 CPC 或 UCPC)。这两种测量方法的区别是通过均匀成核来测量粒子的形成。在诸如城市或污染区域等颗粒物数浓度较大的地区，CPC 的选择，可能需要包括上限浓度(或样品流稀释)超过 10^5 cm^{-3} 的型号。由于颗粒物数浓度的主要部分通常是在超细粒子的粒径范围内，因此应优化采样装置，以尽量减少如第 2 章所述的由于扩散而造成的粒子损失。

采样管的长度应尽可能短。

• 气流的流型应为层流。

• 理想气流的雷诺数为 2000。

• 样品气流应进行干燥，应保持干燥器中的损失最小。

颗粒物数浓度测量的时间分辨率应能了解大气中的快速过程，最好是 1 min 的积分。有关这些测量数据的提交协议可在 WDCA 上获得。

5.2 粒径分布

颗粒物数浓度谱分布的测量有多种用途。在最广泛的层面上，这可以用来推断不同来源的气溶胶的相对贡献，例如由于机械产生过程而存在的粗模态粒子，或者由于凝结过程产生新粒子的超细模态粒子。这些信息对于解释空气采样中的气溶胶系统是有用的。对于给定的位置，需要进行长期的测量。这可用于识别气溶胶的来源，特别是与气溶胶化学观测相结合时。还需要测量颗粒物数浓度谱分布(PNSD)，以测试或验证包括 PNSD 在内的区域化学输送模式。颗粒物数浓度谱分布的其他应用包括：

• 基于观测的颗粒物数浓度谱分布的云凝结核模式调整；

• 在闭合研究中，在给定粒径范围内观测到的颗粒物质量浓度或观测到的颗粒物光散射系数的解释。

由于 PNSD 测量的复杂性，建议仅在 GAW 观测站用更加成熟的气溶胶方案进行颗粒物数浓度谱分布的测定。有几种方法可以测定 PNSD：

• 基于带电粒子迁移率(3～800 nm，电迁移直径)的电迁移颗粒物粒径谱仪；

• 基于粒子光散射强度(300 nm 至几微米，光学直径)的光学颗粒物粒径谱仪；

• 基于加速流飞行时间(700 nm 至 10 μm，空气动力学直径)的空气动力学颗粒物粒径谱仪。

市场上有各种方法的仪器，但也有定制的电迁移颗粒物粒径谱仪。但只有覆盖了超细和细颗粒物粒径范围的电迁移颗粒物粒径谱仪制定了用于大气测量的质量保证方案。在欧洲观测网络 ACTRIS 的背景下，Wiedensohler 等(2012)提出了一些建议。在下文中，重点介绍使用电迁移颗粒物粒径谱仪进行测量的方法，与其他测量 PNSD 的方法相比，这些方法更加普遍地用于大气观测网。

5.2.1 电迁移颗粒物粒径谱仪

5.2.1.1 仪器配置建议

观测标准中的一部分是为了协调硬件的各个方面，提高测量的准确性和定义。另一些则是为了改进数据格式和测量评估程序。建议的标准无疑是出于长期现场试验的需要，以及经由多年的电迁移颗粒物粒径谱仪现场观测和实验室比对实践培育而成的。这些建议的本质是提高此类测量的准确性和全球可比性。我们鼓励进行大气颗粒物数浓度谱测量的观测员尽可能地遵守这些标准，并相应对商业仪器进行升级。一个重要的建议是，仅使用基于双极性充电器的仪器，因为单极性充电器会导致不确定性增加。

推荐的电迁移颗粒物粒径谱仪的示意图如图 5.1 所示。在这里，鞘气气流是在一个闭合环路中循环的，这是大多数商用和定制的电迁移颗粒物粒径谱仪中使用的一个原理。建议的配置包括干燥器，以减少气溶胶样品和鞘气气流中的相对湿度。鞘气气流中的干燥器有助于避免在 DMA 中的某个地方测量到潮湿的空气，并使系统中的相对湿度稳定。此外，它减少了干燥所有气流和 HEPA(高效粒子)过滤器的时间延迟。鞘气回路包含一个热交换器和 HEPA 过滤器。传感器连续记录气溶胶和鞘气两种气流的流量、相对湿度和温度，以及进入 DMA 的气溶胶气流的绝对压力。

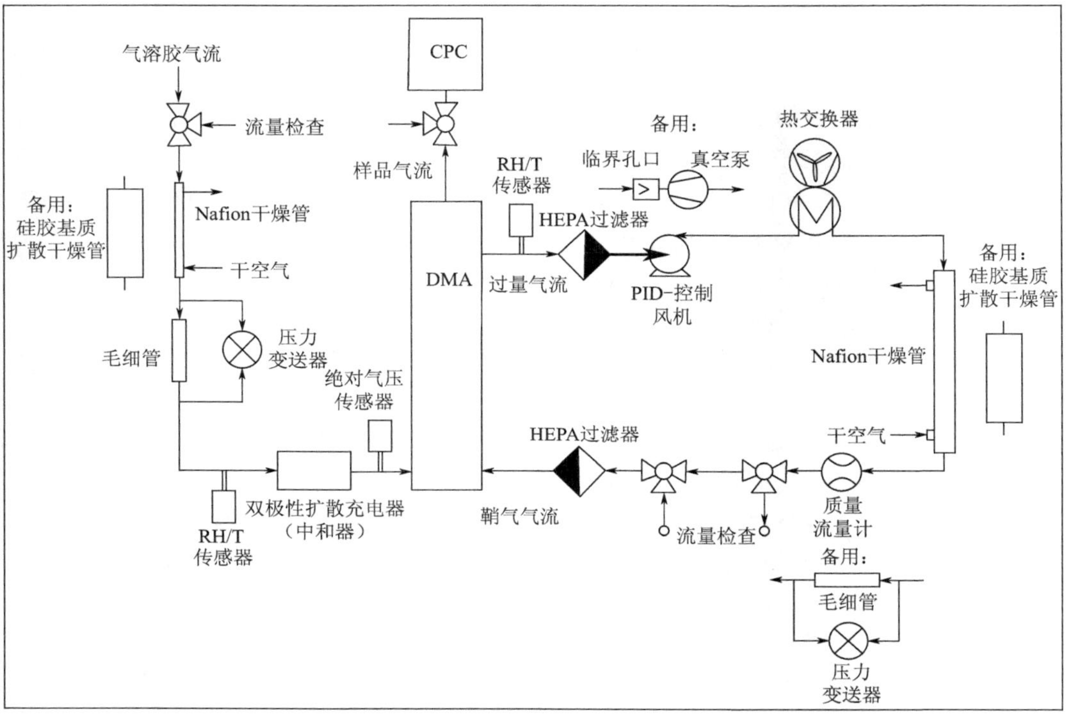

图 5.1　长期测量环境气溶胶的电迁移颗粒物粒径谱仪配置建议(Wiedensohler et al.，2012)

对于“扫描”电迁移颗粒物粒径谱仪，建议的最小扫描时间(向上或向下扫描)为 2 min，以避免在响应时间相对较慢的粒子计数器中产生拖尾效应。例如，这些拖尾效应可能导致在积聚模态范围内在较大的粒子一侧出现明显的错误测量。

(1)相对湿度控制与测量

由于大气气溶胶粒子在相对湿度远低于过饱和度时的吸湿性增长，在电迁移颗粒物粒径谱仪中控制或限制相对湿度是非常必要的。其原理是获得可比较的数据集，即测量“干”颗粒物的数浓度谱分布。当在温暖而潮湿的大气环境中工作时，露点温度可以达到测量实验室的标准温度(20～25 ℃)。这就要求直接在主采样管线或在仪器处对气溶胶样品流进行干燥。需要干燥的气溶胶样品，以确保正确的双极性电荷平衡，从而确定 DMA 中双极扩散充电器下游的粒径分布。同样，也需要干燥的鞘气，以确保 DMA 内部的颗粒物粒径随相对湿度的波动最小。建议将仪器内部的相对湿度限制在 40%以下。在这种情况下，由于相对湿度导致的颗粒物直径的变化预计将低于5%。为了限制气溶胶样品流中的相对湿度(见干燥的建议),我们具体建议使用薄膜干燥器(由类似 Nafion 材料制成)或硅胶基质的气溶胶扩散干燥器。薄膜式干燥器的运行,需要在实验室里持续提供干燥的空气,而硅胶基质的干燥器则需要定期再生。应特别注意选择或设计具有最小颗粒物损失(如由于布朗扩散)的干燥器。在理想情况下,通过干燥器的颗粒物的损失,在数据处理中被表征和解释为等效管道长度(见 5.2.1.2 节)。

完全相似的,鞘气气流也应在 RH 40%以下进行干燥。可使用簿膜式和扩散式干燥器。鞘气气流中的 RH,也应使用已校准的 RH 传感器进行连续监测。鞘气的 RH 传感器应尽可能安装在靠近 DMA 的过量气流出口处。目的是对最能代表 DMA 内部条件的温度和压力条件下的相对湿度进行测量。作为指南,如果可能,鞘气 RH 传感器的温度与 DMA 中的温度相差不应超过 1 K。

应用已校准的湿度传感器对气溶胶和鞘气气流中的 RH 进行连续监测,RH 传感器的最大不确定度为 5%,范围为 10%~90%。这些数据应至少以与电迁移颗粒物粒径谱仪相同的时间分辨率进行记录和存储。当双重电迁移颗粒物粒径谱仪(具有两个平行的 DMA 系统)如 TSMPS(双重扫描迁移率颗粒物粒径谱仪)用于覆盖更宽的粒径范围(例如低于 10 nm)时,应分别报告每个 DMA 的 RH 参数。

(2)鞘气和气溶胶气流的技术要求

在鞘气气流闭合循环的情况下,需要使用一个热交换器来去除泵或风机产生的多余热量。理想的仪器在 DMA 的出气口和进气口处采用两个 HEPA 过滤器,以提供没有颗粒物的鞘气。通过 HEPA 过滤器的压降应最小,以确保在闭合循环的鞘气气流中进行正确的测量。对于临界孔口/泵配置,应对临界孔口下游的绝对压力进行监测,以确保临界流量条件(下游的压力应小于上游压力的一半)。

颗粒物电迁移测量中的一个重要但有时又明显被低估的问题,是仪器气流的正确测定。实验的气溶胶和鞘气流量的误差,将立即传递到得出的颗粒物数浓度和/或粒子谱中。一般的建议是将仪器内部连续和自动流量测量与通常是定期维护一部分的手动精密测量结合起来。为确保气溶胶和鞘气气流的连续观测,装配的建议包括在相应位置使用已校准的流量计。

对于气溶胶气流,建议使用经校准的压差传感器测量通过层流元件(毛细管)的压降。虽然这种毛细管可以由广泛使用的管道元件制造,但应注意保证通过装置的层流不受干扰。由于颗粒物损失,特别不建议使用质量流量计来测量气溶胶的流量。测量的流量值应至少与颗粒物电迁移率粒径谱测量具有相同的时间分辨率。作为质量控制的指南,连续记录的气溶胶流量与设定值间的偏差不应超过5%。除了连续测量外,还需要使用精密体积流量计(如电子气泡流量计)手动检查气溶胶的流量。这种手动测量应尽可能频繁地进行,但至少应在每个服务场合(至少每月)进行。如果定期地对压差传感器进行重新校准,可以提高连续流量测量的质量。

对于鞘气流量的测量,有两种可能的选择:如上所述的压差流量计或质量流量计,因为鞘气气流中颗粒物的损失并不重要。为了在尽可能接近 DMA 内部条件(压力、温度)的情况下捕捉到流量,流量计应安装在鞘气的进气口附近(但在 HEPA 过滤器的上游)。对于压差流量计,传感器电压通常用参考体积流量计进行校准。任何质量流量计也应使用参考体积流量计对体积流量进行校准,因此,需要实验室的空气压力和温度。作为指南,鞘气气流应尽可能保持恒定,其波动平均值的最大偏差在设定值附近 2%。所需的时间稳定性可通过临界孔口/泵装置或由软件或硬件控制的风机来实现。

(3)温度和压力

为确保电迁移颗粒物粒径谱仪测量结果的高质量和溯源性,仪器中应监测温度和绝对空气压力。其目的是确定 DMA 内部在任何时候的状态,因为需要用这些状态来准确地确定粒径大小,并将最终的颗粒物数浓度谱分布调整到标准状态(273.15 K,1013.25 hPa)。首选方案是在 DMA 的气溶胶进气口附近监测温度和绝对空气压力,但不干扰层流剖面。由于 RH 传感器通常也能记录温度,因此存储这些位置的温度值也是有用的。如前所述,所有参数的存储应至少具有与电迁移颗粒物粒径谱仪测量相同的时间分辨率。对于双重电迁移颗粒物粒径谱仪,应对每个 DMA 记录的参数进行单独报告。

5.2.1.2 颗粒物损失订正建议(等效长度法)

在电迁移颗粒物粒径谱仪的任何部分,都可能发生颗粒物的损失。一个重要的机制是粒子向壁面的扩散,例如管道、DMA、气溶胶干燥器和双极充电器的内部,特别是对于粒径小于 100 nm 的颗粒物。如果在特定设备中的颗粒物损失是颗粒物粒径的函数,那么可以在数据后处理期间对其进行订正。"等效管道长度"是描述电迁移颗粒物粒径谱仪任何部件中颗粒物损失的一个有用的参数。在电迁移颗粒物粒径谱仪不同部件中由于扩散所造成的颗粒物损失,可用具有相同颗粒物穿透力的直管来描述(等效管道长度,见表 5.1)。因此,对于任何颗粒物的粒径和流量,都可以很容易地从这样的等效管道长度计算出颗粒物的损失。如果以相同的气溶胶流量通过按顺序排列的不同装置和管道元件,则可以简单地对它们的等效管道长度进行累加。为确保数据的溯源性,在向数据库提交数据时,需要对任何的此类更正进行记录。为避免不一致的数据集,不应使用厂商的订正方案,除非它们已得到验证,并与 WCCAP 的这些建议相一致。

表 5.1 设备、等效管道长度对照表

设备	等效管道长度	
Hauke 型中等 DMA(28 cm 有效长度)	4.6 m	Karlsson 与 Martinsson(2003)
Hauke 型短 DMA(11 cm 有效长度)	4.6 m	IFT 内部校准
TSI 长 DMA(444 mm 有效长度)	7.1 m	Karlsson 与 Martinsson(2003)
TSI 纳米 DMA(49.9 mm 有效长度)	3.64 m	Jiang 等(2011)
博纯 Nafion 干燥器 SS2400	2.5 m	Dick 等(1995)
博纯 Nafion 干燥器 SS1200	1.25 m	Dick 等(1995)
扩散干燥器(如 TOPAS)	5 m	Tuch 等(2009)的估算
90 度弯曲(半径小于 5 cm)	0.15 m	Wang 等(2002)的估算
双极扩散充电器(IFT 订制)	1 m	Covert 等(1997)

注:选自 Wiedensohler 等(2012)给出的等效管道长度建议。

(1)管道

颗粒物在直管中的扩散损失,可用层流流型解析公式描述。就成熟的层流而言,这些损失仅取决于管道的长度、通过管道的流量和颗粒物的粒径。在设计电迁移颗粒物粒径谱仪时,建议使用尽可能短、尽可能直的连接管。

在含有弯管或弯头的采样管中,可能会出现颗粒物扩散损失增大的现象。随着管道弯曲或弯头半径的减小,颗粒物损失将增大。基于 Wang 等(2002)的调查研究,估算了 90°弯管的等效管道长度。使用具有平滑半径的弯曲管线代替弯头连接也将减少颗粒物损失的机会。管道应由导电材料构成,最好是不锈钢材质。经验表明,非导电的管道(如塑料)可能会通过静电力去除相当一部分的带电粒子。

(2)双极扩散充电器

在双极扩散充电器内部也会发生颗粒物的损失。基于实验确定的穿透效率,可以直接进行损耗订正。或者,可以使用层流扩散沉积公式,将特定流量下的任何实验的穿透效率转换为等效管道长度。曾对一个订制的双极充电器进行过小于 10 nm 的粒子穿过 ^{85}Kr 双极扩散充电器中损失的测量。

(3)微分电迁移分析仪

由于布朗扩散,不同的 DMA 类型表现出不同的颗粒物损失。颗粒物穿透 DMA 的概率,取决于 DMA 进气口和出气口区域的损耗以及 DMA 分级区域的传输函数。短的柱长、高流量的气溶胶和鞘气气流是使颗粒物损失最小化的一般设计特征。颗粒物损失可以通过扩散沉积模式模拟,也可以通过实验来估计。与双极扩散充电器一样,用等效管道长度模拟的不同 DMA 的扩散损失如表 5.1 所示。

5.2.1.3 操作规程与校准

就长期电迁移颗粒物粒径谱仪的测量而言,为提高测量和校准的质量,我们提出下列建议:

• 用于测量气溶胶流量的压力传感器或用于确定鞘气流量的质量流量计,应每年至少校准 2 次。应使用独立的流量标准,如电子气泡流量计,每月定期对气溶胶和鞘气流量进行 1 次测量。参考标准应具有较低的压降。流量应在 DMA 内的压力条件下确定。

• 对于闭合循环的仪器,泵/风机应密封,漏气测试应作为仪器定期维护计划的一部分。

• 气溶胶和鞘气气流的湿度和温度传感器应在使用前进行检查,在使用之后应每年至少检查 1 次。

• 应对高压(HV)电源的响应功能进行校准。如果高压电源通过模拟电压控制,则校准还应包括模拟输出模块。在扫描软件或数据分析中应使用高压校准功能。正确确定小粒径颗粒物的尺寸对所用高压的准确性非常敏感,因此,在低压范围内需要特别地小心。这里应该使用有超低阻抗的高压探头。高压电源应每月检查 1 次。

• 此外,应定期校准 CPC,至少每年 1 次,以检测诸如激光二极管老化、温度不稳定或内部污染等故障。只有在确定流量、校准检测效率曲线(Wiedensohler et al.,1997)和坪区检测效率之后,才能使用 CPC。通常情况下,CPC 的流量由临界锐孔控制。它与标称值间的差异不应超过百分之几。在颗粒物粒径分布的计算中,应考虑流量与标称值间的偏差。体积流量应每月检查1次。

• 电迁移颗粒物粒径谱仪粒径的准确度需要经常使用200 nm的PSL球来验证。200 nm PSL球的使用,是在获得足够的颗粒物数浓度和粒子上的最小残余材料之间的一个折中方案。测量的峰值直径应在PSL球标称的不确定度(±2.5%)和鞘气流量的不确定度(±1%)的范围内。气流在通过外部的体积流量计时,由于流量计两端的压降,通常很难精确测量鞘气的实际流量。在这种情况下,可以对鞘气流量进行百分之几的轻微调整,以匹配PSL球的标称粒径(粒径校准)。

• 对于"扫描"电迁移颗粒物粒径谱仪,只有通过PSL球检查才能确定不正确的形成羽流延迟时间。如果上下扫描显示相同的结果,则形成羽流的时间是正确的。由于CPC的响应较慢,扫描时间应足够长,以避免拖尾效应。建议上下扫描的时间至少为2 min。

• 电迁移颗粒物粒径谱仪还应每年定期与参考标准仪器进行一次为期几天的比较(如果有一个参考系统可供使用的话)。这种相互比对可以在校准设施服务中心或采样点开展的比对活动期间进行。

• 用CPC测得的总颗粒物数浓度能与粒径分布的数值积分进行比较。如果不存在成核模态的颗粒物,粒径分布的积分与直接测量的总颗粒物数浓度应该相差不大。理想情况下,在进行内部扩散损失订正后,颗粒数浓度间的差异应小于10%。

• 每台CPC都可能具有各自单独的粒子计数效率,这可以通过试验来确定。单个CPC粒径相关的计数效率取决于许多特定因素,例如CPC的几何结构,或冷凝器内的实际过饱和度分布。如果没有关于特定CPC计数效率的实验数据,可以谨慎地使用厂商提供的校准曲线。然而,建议通过与参考标准仪器相比较来单独地校准CPC。

• 每月还应对系统进行一次零检查。将一个完全的粒子过滤器连接到系统的进气口,并扫描几个粒径分布。理想情况下,本底应该接近于零。

• DMA和用于确定气溶胶流量的层流元件,两者应每年清洁1次。应由有经验的人员对CPCs的饱和器和光学元件进行清洁。

• 不应打开双极性扩散充电器。应遵循厂商的使用说明。

• 电迁移颗粒物粒径谱仪应在15～30 ℃的环境中运行,以避免粒子计数器出现故障。

颗粒物粒径分布测量的时间分辨率最好是不超过10 min。有关这些测量数据的提交协议可在WDCA上获得。

参考文献

Covert D S, Wiedensohler A, Russell L M, 1997. Charging and transmission efficiencies of aerosol charge neutralizers[J]. Aerosol Science and Technology, 27:206-214.

Dick W, Huang P F, McMurry P H, 1995. Characterization of 0.02 to 1.0 μm Particle Losses in Perma Pure Dryers: Dependency on Size, Charge and Relative Humidity[M]. PTL Publication No. 936: Particle Technology Laboratory, Department of Mechanical Engineering, University of Minnesota, Minneapolis, MN 55455.

Jiang J, Attoui M, Heim M, et al, 2011. Transfer functions and penetrations of five differential mobilityan-

alyzers for sub-2 nm particle classification[J]. Aerosol Science and Technology, 45:480-492.
Karlsson M N A, Martinsson B G, 2003. Methods to measure and predict the transfer function size dependence of individual DMAs[J]. Journal of Aerosol Science, 34:603-625.
Oberdörster G, Gelain R M, Ferin J, et al, 1995. Association of particulate air pollution and acute mortality-involvement of ultra-fine particles[J]. Inhalation Toxicology, 7:111-124.
Tuch T M, Haudek A, Müller T, et al, 2009. Design and performance of an automatic regenerating adsorption aerosol dryer for continuous operation at monitoring sites[J]. Atmospheric Measurement Techniques, 2:417-422.
Wang J, Flagan R, Seinfeld J, 2002. Diffusional losses in particle sampling systems containing bends and elbows[J]. Aerosol Science and Technology, 33:843-857.
Wiedensohler A, Birmili W, Nowak A, et al, 2012. Mobility particle size spectrometers: Harmonization of technical standards and data structure to facilitate high quality long-term observations of atmospheric particle number size distributions[J]. Atmospheric Measurement Techniques, 5:657-685.
Wiedensohler A, Orsini D, Covert D S, et al, 1997. Intercomparison study of the size-dependent counting efficiency of 26 condensation particle counters[J]. Aerosol Science and Technology, 27:224-242.

WCCAP 联系人：

Prof. Dr Alfred Wiedensohler
GAW World Calibration Centre for Aerosol Physics
Leibniz Institute for Tropospheric Research
Permoserstr. 15
04303 Leipzig
Germany
http://www.wmo-gaw-wcc-aerosol-physics.org/index.html

6 云凝结核

6.1 导论

云凝结核(CCN)是在一定的水汽过饱和比(%ss)下,能够活化形成云滴或雾滴的气溶胶粒子。根据 Köhler 方程,水滴上方的蒸汽压或%ss 将随水滴表面张力或水滴大小及其中溶质浓度和其化学成分的变化而变化。CCN 的测量结果以及云上升速度和液态水含量,对模拟云滴的形成具有重要意义。间接辐射强迫的气候研究需要了解云滴的数浓度和粒径,以便预测云的寿命和反照率。液滴测量技术(DMT)公司的 CCN 仪器(Roberts et al.,2005)可用于测量一定%ss 范围内的 CCN 浓度,和由此产生的液滴在 21 个粒径段中的粒径分布。气溶胶数浓度、粒径、成分的附加测量结果和吸湿增长因子(gRH)的测量结果,可用于 CCN 数据的进一步分析。这里的建议涉及使用单柱 DMT-CCN 对多分散气溶胶进行表面测量,并适用 DMT 操作手册中所推荐的程序。

6.2 仪器运行

(1)时间尺度

对于地面站点,建议设置数据采集的时间尺度,以便与站点的空气质量和其他测量中的变化以及气候模式中使用的典型的时间尺度相一致。建议将 CCN 的%ss 值按 60 min 的序列进行递进。图 6.1 给出了一个典型的序列,每 60 min 步进 6 个不同的%ss 值,在每个%ss 值处为 10 min。为确保数据处理的可靠性和易用性以及与其他数据集的合并,应在一小时的整点时刻启动扫描序列,从而使每个%ss 值在一小时后的时间不变。如果扫描顺序不是通过外部串行端口命令设置的,那么操作员需要检查时间序列,如果时间序列发生变化,则需要在一小时的整点时刻重新启动 CCN 程序。

每个%ss 值的测量持续时间应为 10 min 或足够长,以获得稳定的 dT(T_3-T_1)值和良好的计数统计(图 6.1)。dT 变化开始时 CCN 信号超出目标的程度随气溶胶类型、dT 步长大小和柱的热力特性而变化。通常至少需要 5 min 才能达到稳定的 CCN 浓度。%ss 值的有效范围在 0.1~1.0。将测量集中在较低的%ss 值小于 0.5 %ss 是可取的,因为它模拟了云上升气流中经常出现的%ss 值。典型的步进序列是 0.1、0.2、0.3、0.5、0.75、1.0。需要更高的 1.0 %ss 值或稍高一点,用以验证 CCN 浓度与 CN 浓度相当,并且仪器运行正常。如果 CCN 的信号大于 CPC 的信号,则可能表明 CPC 堵塞、CCN 泄漏、仪器上的样品的流量不正确或 CCN 上的鞘气过滤器不良。

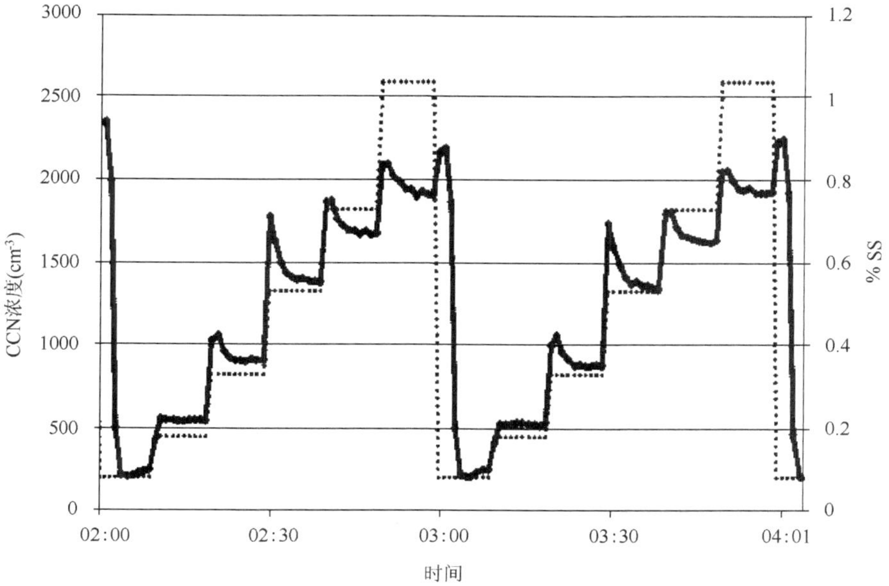

图 6.1 美国科德角 ARM 站点 2013 年 4 月 16 日的%SS(点线)和典型 CCN 数浓度(实线)步进组合示意图

(2)流量

DMT CCN 仪器采用温度扫描模式,尽管该仪器能进行流量扫描修正(Moore et al.,2009)。对于温度扫描模式,默认的样品:总流量为 500 mL/min 时的鞘气流量比为 10。流量比的范围从 7 到 12,仍将产生可以接受的数据。

通常,样品气流管线中的湍流会在样品气流和鞘气气流中产生噪声,特别是当 CCN 仪器去掉一条更快的气流管线或样品气管中的气流因高风速引起湍流时。一种补救办法是使 CCN 的采样线流过大直径管线或混合容器,以消除管线中的压力波动。为快速控制流量比例阀,对默认流量的 PID 值进行了优化。通过在 DMT 服务选项卡中优化仪器 PID 值以降低响应速度,可以提高流量稳定性。如何优化这些值请参阅 DMT 手册。

(3)仪器温度稳定性

仪器误差随进气口温度和样品 RH 的不稳定而增大。应使用默认温差且 $T_1 < T_{进气口}$。为尽量减小温度的不稳定性,应将仪器远离空调或加热器的通风口。将室温保持在 18~27 ℃。$T_{进气口}$需要保持在环境露点温度以上,以防止在样品进气口发生冷凝现象。或者,可使用 Nafion 干燥器来干燥样品空气。

6.3 数据采集与处理

标志

温度梯度($T_3 - T_1$)的标准偏差不在标准串行口的输出中。我们建议在后期的数据处理中添加这个参数,以判断温度梯度和因此产生的%ss 值是否稳定。

如果数据的平均值超过%ss 的设定值,则应将 dT 步长变化开始时的不稳定数据从数据平均值中删除。

如果是鞘气:样品流量比超出 7～12 的范围时,则应添加一个标志。

如果数据被污染或出现仪器错误,则应添加一个标志。

如果总 CCN 数浓度超过 5000 cm^{-3},则应添加一个标志。在颗粒物高浓度情况下,仪器会受到水的限制,并且大部分的粒子不会活化为液滴。Lathem 和 Nenes(2011)提出了在 CN 浓度大于 5000 cm^{-3} 的条件下就%ss 的下降进行订正的方案。

CCN 盐校准信息应包含在文件的元数据中。为保持一致性,应将仪器校准至 dT 设定值,而不是实际的 T_3-T_1 值。

对于在压力高度不同于现场位置时所进行的校准,应根据现场环境空气压力调整%ss 盐校准。Rose 等(2008)发现%ss 的压力依赖性约为每 100 hPa 0.037%。应注意在 DMT 工厂进行的校准,是在约 840 hPa 的压力高度下进行的(美国科罗拉多州博尔德)。

6.4 仪器维护

应注意,以下建议是对 DMT CCN 手册中给出建议的补充。有关维护、校准信息和规程具体参阅手册。

(1)陶瓷柱维护

长期运行会导致陶瓷柱的性能退化,并在管路和柱子中形成细菌和霉菌。柱子特性的变化能改变柱子的热阻和测量精度。你可以在 CCN 供水中加入几滴弱抗菌剂以阻止细菌的生长。对于连续运行的系统,我们建议每年将 5% 的家用漂白剂溶液加在蒸馏水中冲洗一次陶瓷柱。**不要用漂白剂溶液冲洗 Nafion 加湿器或任何系统电磁泵**。以下内容描述了漂白剂冲洗过程。有管道编号的 CCN 空气/水的流程图,参见手册的图 4(新用户手册中为图 3),具体流程如下。

1)取下 OPC(光学粒子计数器)并塞住柱子底部的孔。现在是清洗 OPC 的好时机。应注意:当 OPC 重新就位时,需要对 OPC 上方底板上的两个"O"形圈进行就位。

2)从电磁泵上拆下 17 号管,使另一端连接到柱子底部。检查这根管子有无白色沉积物。白色沉淀物可能表示管线中有细菌,或也可能是由于柱体腐烂而形成的陶瓷沉淀物。将 17 号管的末端放入排水瓶中。

3)断开从 Nafion 的**尼龙**十字接头出口到 Nafion 十字接头处柱子进水口的 1/8 管线(11 号管)。从这根 1/8 的管子上制作一根从柱子进水口(11 号管)到供应瓶盖的顶部的延长管线。管路应穿过瓶盖上的接头并到达瓶底。制作另一根从供应瓶盖的另一个出口到手动泵或低流量的小型压缩机的延长管线。一个鱼缸泵就能很好地达到这个目的。

4)将家用漂白剂和蒸馏水(稀释至约 5%)的稀溶液放入供应瓶中。

5)给供应瓶加压,使漂白溶液通过柱子进入排水瓶。再用蒸馏水重复两次,以冲洗掉柱子中的漂白剂溶液。

6)更换 OPC 和水管接头。对 CCN 仪器进行泄漏试验。

(2)CCN 运行的日检查

1)往供应瓶中注入蒸馏水,将排水瓶中的水排空。

2)检查小的集水瓶中是否有水。清空瓶里的存水并检查是否漏水。

3)检查 T_2、T_3 和 T_{opc} 是否按时间表执行。检查 T_1 和 $T_{进气口}$ 是否稳定。

4)检查流量设置是否接近总流量 500,鞘气 455,样品 45。如果鞘气/样品流量的比值不在 9 和 11 之间,则拆下仪器盖,转动手动流量阀上的绿色旋钮,直到该比值约为 10。

5)检查 OPC 菜单上第一级显示器的读数。如果该值大于 0.5,则按照 CCN 手册的指示向 OPC 中喷入干净的空气。如果 OPC 被水雾笼罩,确保水的流量设置为低,在印刷电路板上的吹扫气体开关设置为 2 s 。如果显示器电压仍然很高,则关闭液体供应泵并等待几个小时,使其电压下降。如果电压仍然很高,关闭 CCN,取下 OPC 并清洁光学元件。

参考文献

Moore R H, Nenes A, 2009. Scanning flow CCN analysis—A method for fast measurements of CCN spectra[J]. Aerosol Science and Technology, 3:1192-1207.

Roberts G C,Nenes A, 2005. A continuous-flow streamwise thermal-gradient CCN chamber for atmospheric measurements[J]. Aerosol Science and Technology, 39:3206-221.

Rose D, Gunthe S S, Mikhailov E,et al,2008. Calibration and measurement uncertainties of a continuous-flow cloud condensation nuclei counter (DMT-CCNC): CCN activation of ammonium sulfate and sodium chloride aerosol particles in theory an experiment[J]. Atmospheric Chemistry and Physics, 8:1153-1179.

联系人

Dr Martin Gysel
Paul Scherrer Institute
Villigen PSI CH-5232
Switzerland
E-mail: martin. gysel@psi. ch

7　气溶胶光学厚度

7.1　导论

气溶胶光学厚度（AOD）是对观测点与大气层顶之间被气溶胶散射和吸收的太阳直接辐射垂直归一化消光的定量测量。它是柱内气溶胶载荷的积分测量，因此是确定直接辐射效应（和强迫）的最重要的单一气溶胶参数。利用太阳光度计（指向太阳的辐射计）在太阳亚光谱区域测量太阳辐射的衰减，AOD可以通过衰减的测量结果从地面计算确定，在太阳亚光谱区域，大气痕量气体的衰减可以忽略不计。通常AOD是在不同的太阳光谱波长下确定的，因为AOD的光谱依赖气溶胶粒径大小包含的信息，例如，可以估计属于亚微米和超微米粒径的气溶胶粒子AOD的分数。一种更复杂的多光谱仪器采样方法，除了测量AOD外，还可以捕获天空辐射，可以通过反演方法得到额外的柱平均气溶胶特性等。这包括了在光学敏感范围（半径0.05～15 mm）内的颗粒物粒径分布、气溶胶形状（球形或非球形）的信息以及传感波长处的折射率。折射率指数的虚部量化了气溶胶的吸收，且若AOD值越大，对吸收的估计将越可靠。

AOD是评估大气气溶胶总载荷最全面的单一变量，是比较地基遥感、卫星反演和气溶胶特性全球模式的最小公分母。地基AOD衰减测量是非常精确的，这不同于卫星反演的估计。这些卫星反演通常是从太阳定向反射的微小变化中提取AOD，而这些变化通常是在不够精确清晰（地表反射）的背景上进行的。因此，地基AOD观测对于卫星AOD反演的校准和验证是必不可少的。由于反射的太阳光转换为AOD也取决于气溶胶粒径的大小和吸收，因此从衰减测量（Ångström指数，细模态AOD分数估计）和从太阳/天空反演（吸收、形状和详细的尺度谱分布）得到的补充柱信息对于测试反演模型或更详细地评估模型的模拟是非常有用的。

AOD与太阳亚光谱大气传输有直接关系。给定波长处的太阳辐照度 I 可以表示为：

$$I = I_0 \exp(-m\delta) = I_0 \exp(-\delta/\cos(z))$$

式中：

I_0——地外（大气层顶部）太阳光谱辐照度（由位置和时间来确定）；

δ——（垂直归一化）光学厚度；

m——大气光学质量因子，它描述了与天底方向相比的延伸路径，在太阳高度高于地平线10°时，m 定义为 $1/\cos(z)$；

z——太阳天顶角。

如果选定的太阳亚光谱区域中无大气散射（空气分子、云）和/或吸收（痕量气体、云），则 δ=AOD。因此，气溶胶辐射的相互作用可被忽略或易于量化（例如，空气分子散射，通常称为瑞利散射)，就 AOD 测量而言，太阳亚光谱带是首选。

如果其他的大气特性也影响太阳辐射的散射和吸收，则 AOD 的反演将变得更复杂。于是，在给定波长下的总光学厚度 $\delta=(\log(I_0)-\log(I))/m$，由气体分子散射系数 δ_R(瑞利散射)、气溶胶粒子的消光系数 δ_A 或 AOD、痕量气体的吸收系数 δ_G，如臭氧和二氧化氮以及可能的云污染 δ_C 等组成。在这种情况下，从总光学厚度减去所有其他测量或模型估计的分量从而获得 AOD，$\delta_A=\delta-\delta_R-\delta_G-\delta_C$。

有几个区域的 AOD 观测网以及一些覆盖全球的观测网(WMO，2005)。AERONET(气溶胶自动观测网)(Holben et al.，1998，2001)是主要的全球太阳光度计观测网。它整合了数百个附加了天空扫描功能的相同的太阳光度计。AERONET 使用一种通用的协议，数据被立即发送到中央处理单元，因此数据产品可以在数小时内从网上获得(http://AERONET. gsfc. nasa/gov)。定期的监测和校准，要求确保高质量和现场的可操作性。其他观测网也有特别值得关注的地方，如 GAW-PFR(精密滤光辐射计)(Wehrli，2005)聚焦于背景站，SurfRad(地表辐射平衡观测网)(Augustine，2008)聚焦位于美国的站点，SKYNET(天空辐射计观测网)聚焦于东亚和南亚以及欧洲(Nakajima et al.，2003)。这些观测网中的每一个都有不到 50 个站点，数据存储在单独的档案中，然而，数据的访问通常是严重滞后的。与 AERONET 最为互补的观测网是 SKYNET，因为它们的辐射计也可以在天空辐射模式下工作，因此可以使用相同的反演方法来估计气溶胶的粒径细节和气溶胶的吸收。

7.2 测量方法

7.2.1 波长和视场角

根据 WMO(1986)的推荐中心波长列表，太阳直接辐射辐照度的测量应至少从列表中选择三个不同的波长：368 nm、412 nm、500 nm、675 nm、778 nm、862 nm，带宽为 5 nm。所选择的光谱子带应确保气溶胶的信号较强，以避免痕量气体吸收造成的主要污染，同时应覆盖一个光谱范围，以便能够进行气溶胶的综合估计。GAW-PFR 观测网在 368 nm、412 nm、500 nm 和 862 nm 处使用 4 个 AOD 通道。虽然其他一些观测网根据他们的具体需求(卫星传感器的验证、建模工作)确定了不同的波长，但在大多数观测网中，通常是在(500±3) nm 和(865±5) nm 处进行测量。AERONET 使用了中心波长为 340 nm、380 nm、440 nm、500 nm、670 nm、870 nm、940 nm(水汽)和 1020 nm(在新测试的仪器中，增加了 410 nm 和 1600 nm 的窄带光谱)的窄带太阳光谱。对于 AERONET，反演波长为 440 nm、670 nm、870 nm 和 1020 nm，直接辐射衰减和等高度扫描数据(两个方向)均需要所有的 4 个波长。直射辐射计的几何视场角应符合 WMO(2008)关于 2.5°的全张角和 1°的倾斜角的要求。除滤光片辐射计外，还使用各种直接指向太阳的光谱辐射计来确定 AOD(例如 Brewer(紫外)、Pandora(紫外—可见光)、精密分光辐射计(紫外—可见光))，提供在窄带光谱中心测量 AOD 的光谱信息。

7.2.2 采样策略

观测网独立的测量，应以 1 min^{-1} 的采样频率进行，以实现可观的质量控制和云过滤算法的目标。这种情况排除了使用手持式太阳光度计进行常规观测的可能性，并使其应用限于特殊项目中，例如船上的观测活动(Smirnov et al.，2009)。

测量值应作为瞬时观测值，即积分时间比采样频率要短得多，而不是在采样间隔内平均信号。这种规范源于在 AOD 值的反演过程中，需要将每个观测值与特定的大气光学质量相关联，并且当太阳天顶角较大时，它可能会迅速变化。

应记录每个瞬时观测的时间标记，以世界时(UTC)表示。数据采集时钟应准确或可溯源到 UTC±5 秒内。

暗信号也应该作为采样策略的一部分来进行测量。对于没有配备快门或"暗"滤光片的仪器，可以在夜间进行暗信号测量，或每天至少封闭一次入口孔。

在观测网协议下进行的光谱辐射测量，可以使用不同的采样策略。AERONET(Holben et al.，1998)通常每 15 min 对直接辐射衰减进行采样，在 1 min 内进行 3 次测量。天空辐射数据每小时采样一次，但在日出和日落时采样频率应较高(每 0.5 个大气质量因子变化)。

7.2.3 辅助测量

计算瑞利光学厚度需要 AOD 观测点上方的大气压力。为了使瑞利订正的不确定度保持在 0.0025 光学厚度以下，观测点上方的大气压力应准确到高于 3 hPa。由于"晴天"中午时间的压力可能超过每日或年平均值 3 hPa 以上，因此需要以小时或更好的分辨率进行同步测量。

至少需要臭氧总量的日均值来正确地解释波长在 Chappuis 波段处的臭氧吸收。在 500 nm 和 675 nm 处，当臭氧柱浓度为 300 DU 时，臭氧的光学厚度约为 0.01。可从世界臭氧和紫外线数据中心(http://www.woudc.org)获得 Dobson 或 Brewer 站附近的臭氧总量值。可在 http://ozoneaq.gsfc.nasa.gov 上近实时地获取臭氧监测仪器(OMI)的卫星过境数据。

7.3 观测仪器

AERONET 中使用的 CIMEL① 天空扫描辐射计有 8 个通道。它配有一个数据采集和控制单元，并被安装在一个专用的天空扫描机器人臂上。类似的仪器也被用于 SKYNET，由 PREDE② 公司提供。这两种仪器都比传统的太阳光度计更复杂，因为它们还测量天空辐射。由 Carter Scott Design③、PMOD④、YES⑤ 或 EKO⑥ 提供的经典的滤光片式辐射计，需

---

① CIMEL Electronique，5 Cité de Phalsbourg，F 75011 巴黎，法国，http://www.cimel.fr。

② PREDE Co.，1117 Kusabana Akiruno-shi，197-0802 东京，日本，http://www.prede.com。

③ Carter-Scott Design，16 Wilson Avenue，Brunswick. 维多利亚 3056 澳大利亚，http://www.carterscott.com.au。

④ PMOD，Dorfstrasse 33，7260 Davos Dorf，瑞士，http://www.pmodwrc.ch。

⑤ Yankee Environmental Systems，Inc.，101 Industrial Boulevard，POB 746，Turners Fall，MA 01376，美国，http://www.yesinc.com。

⑥ EKO Instruments Trading Co.，Sasazuka Centre Bldg. 2-1-6，Shibuya-ku，151-0073 东京，日本，http://www.eko.co.jp。

要一个单独的(不是辐射计的一部分)太阳跟踪器和数据采集系统。Yankee Environmental Systems 公司还提供多滤光片旋转遮光带(MFR 和 UVMFR)辐射计,配有数据采集和控制单元,不需要跟踪器。MFRS(可见光范围)和 UVMFRS(紫外范围)辐射计可以根据太阳天顶角归一化后的总辐射和散射辐射测量值间的差异,获得直射辐照度。还有由 Solar light 公司①制造的手持直接太阳滤光片辐射计(microtops 型号),太阳跟踪器需要手动操作,非常适合在移动平台(如船舶)上进行测量。质量控制问题一直困扰着先前手持式滤光片辐射计(如 BAPMoN)观测网的运行,如果没有严格的质量控制和质量保证计划,则不建议在 GAW 站使用它们。此外,传统的光谱辐射计(如 Brewer 仪器)已被用于利用直接太阳辐射的测量进行 AOD 的反演,这些直接太阳辐射的测量也被用于其他痕量气体的反演(如臭氧柱总量)。最后,带有太阳跟踪系统的光谱辐射计,如精密光谱辐射计,在瑞士的 PMOD-WRC 和 SciGlob② 建设的 Pandora 系统,能够提供光谱 AOD 的反演。

上述所有类型的滤光片式辐射计,都适用于 GAW 站的 AOD 测量。不同仪器在同一地方(Mc Arthur et al.,2003;Mitchell et al.,2003;Kim et al.,2008;Che et al.,2008)的比较,表明它们具有较好的一致性:直接指向仪器间的光学厚度差异为 0.01,遮光带辐射计间的光学厚度差异为 0.015。

7.4 标校问题

在气溶胶载荷较低的情况下,例如当 500 nm 处的 AOD≈0.05 时,1%的校准误差可导致日平均 AOD 的误差为 12%,甚至在中午前后更高。WMO 建议(WMO,1994),对于估计不确定度绝对限值为 0.02 的光学厚度为可接受的数据,<0.01 为近期内要实现的目标。这些技术参数要求日常使用辐射计的光谱校准不确定度保持在优于 2%。由于太阳光度计和光谱辐射计的灵敏度随着时间的推移而变差,因此,这些仪器应每年进行一次校准。通常这意味着辐射计必须离开台站几个星期到几个月的时间。

用于 AOD 的大多数光谱辐射计,是根据它们的地外值 I_0,即它们在大气层顶部读取的值来进行校准的。它可以通过外推对数 $\ln(I(m))=\ln(I_0)-m\delta$,在地面上对不同大气光学质量 m 到大气质量 $m=0$ 的若干测量 $I(m)$ 得到。这种方法通常被称为 Langley 法,以纪念 1910 年第一次使用它的 S. P. Langley。Langley 法校准依赖于校准过程中光学厚度 δ 的高时空稳定性,在给定的现场观测条件下很难找到这种条件,除非是在高海拔地区,因此无法对单个仪器进行可靠的现场校准。经典 Langley 法的一些变化(Herman et al.,1981;Forgan,1994;Schmid et al.,1995)是经过多年设计的。然而,由于校准过程中 δ 的系统变化,即使是统计上完美的回归也可能导致错误的 I_0(Shaw,1976)。这些误差只能通过大量(>20)个数的 Langley 平均来克服,同时假设 δ 的系统变化呈正态分布。因此,Langley 法通常仅限于选定仪器的校准,然后作为同一类型多个辐射计并行校准的标准。此外,还有改进的 Langley 技术(如 SKYNET),他们通过原位程序来进行反演(Campanelli et al.,2004)。

① Solar Light Company, Inc. 100 East Glenside Avenue Glenside, PA 19038,美国,http://solarlight.com/。

② SciGlob Instruments and Services, LLC 4656 Tall Maple Court Ellicott City, MD 21043 美国,http://sciglob.com/index.html。

GAW 观测站的光谱辐射计,可以通过与传递标准辐射计或区域或世界标校中心的一组标准辐射计进行比较来校准。世界光学厚度研究和校准中心(WORCC)正在为 PFR 仪器提供校准服务。AERONET 正在为 Cimel 仪器提供校准服务。

7.5 数据评估

大多数 AOD 的观测是在一个全球观测网(见导论)中组织的,并遵循这些观测网制定的协议和评估方案。那些可能与这些观测网没有关联的独立的观测站或国家观测网,可在以下诸节中找到常用算法的选择。

辐射计观测到的信号,由布格-朗伯特-比尔定律表示:

$$S(\lambda, m, R) = S_0(\lambda) e^{-m\delta(\lambda)} R^{-2} + \varepsilon$$

式中:

S_0——波长为 λ 的大气上界的信号;

R——标准日地距离,1 个天文单位;

m——沿太阳视线的大气光学质量;

δ——总光学厚度;

ε——太阳光度计视场内的太阳周围的天空辐射。

总光学厚度 $m\delta$ 包括几个描述不同大气成分消光的项 δ_i:分子散射、气体吸收和气溶胶消光。由于这些成分具有不同的垂直结构,它们沿大气折射路径的大气光学质量通常也略有不同。因此,总光学厚度必须写成 $\tau = m\delta = \Sigma m_i \delta_i$。

对上述布格-朗伯特-比尔定律方程取对数,重新排列各项可以得到确定气溶胶光学厚度的基本方程式:

$$\delta_A = \frac{\ln(S_0) - \ln(S - \varepsilon) - 2\ln(R) - \sum \delta_i m_i}{m_A}$$

式中,下标 A 表示特定的气溶胶项,下标 i 表示大气消光的单个分量。

在最后一个方程中,信号 S 是唯一测量的量,所有其他各项都是基于在实际应用中相对简单的表达式加以逼近的大气消光模型或由测量过程模型。

7.5.1 太阳高度角

在计算大气质量因子 m_i 时需要使用太阳天顶角 ζ。它和日地距离 R 可由 Michalsky (1988)和 WMO(2008)中给出的算法进行计算。

7.5.2 瑞利订正

瑞利光学厚度 $\delta_R(\lambda)$可以由 BordHayn 等(1999)给出的算法精确地近似。相应的大气质量 m_R 可通过经修正的 Kasten 公式进行计算(Kasten et al. ,1989)。

7.5.3 臭氧订正

臭氧光学厚度 $\delta_{O3}(\lambda) = a_{O3}(\lambda)c$ 可由光谱吸收系数 $a_{O3}(\lambda)$和总臭氧含量 c 计算得出。

Gueymard(1995)给出了在固定温度(228 K)下的一个十分有用的臭氧吸收系数表。臭氧总浓度 c 见 7.2.3。相应的大气光学质量 m_{O3} 可通过 Komhyr 等(1989)的公式(6)进行计算。

7.5.4 太阳周边杂散光订正

光谱辐射计在其有限的视场角中,不可避免地会接收到一些太阳周边的杂散光。因此,观测到的辐射计信号 S 增加了散射分量 ε,会导致光学厚度被低估。太阳周边的辐射与气溶胶光学厚度成正比,并强烈依赖于气溶胶的散射相函数。Russel 等(2004)给出了一个较宽的现实气溶胶类型范围的经验模型,作为初始(低估)气溶胶光学厚度的订正因子。

7.5.5 气溶胶大气质量 m_A

由于气溶胶浓度的典型尺度的高度与水汽尺度的高度相当,因此在平流层气溶胶载荷较低时,可用 Kasten(1966)公式对水汽大气光学质量进行订正。

7.5.6 二氧化氮订正

在一定波长范围内,较高的 NO_2 吸收会影响 AOD 的反演。它可以用 NO_2 吸收系数和总 NO_2 含量(从卫星传感器测量或使用 NO_2 气候学值)来计算。

7.6 质量控制和保证

常规测量的质量控制(QC)应包括对光学窗口的清洁程度、太阳跟踪器的准精度的检查,如果是非跟踪型的遮光带仪器,还应检查水平调平。所有的调整或检测到的故障都应记录在日志中,并与原始测量结果一起存档。进一步的 QC 包括评估过程中的数据筛选,特别是对视线中可疑的云污染的测量结果进行标记。

滤云是一个众所周知的困难过程,因为用光学的方法来区分薄云与粗模态气溶胶有关的光学厚度是不容易的。一些作者(Harrison et al.,1994;Smirnov et al.,2000;Alexandrov et al.,2004,Kaufman et al.,2006)基于气溶胶和云之间的物理、时间或光谱差异的各种假设提出了一些算法。

AOD 数据的质量保证(QA)主要包括,在 1%～2%的不确定度范围内对大气上界的信号进行准确的校准。旋转遮光带辐射计由于与理想的(余弦)响应不匹配,需要对其角度响应函数进行额外的校准。由于滤光片辐射计往往显示出个别老化效应,因此很难推荐一个单一的重新校准间隔,即从每年两次到每两年一次。为解释校准之间的仪器漂移,可能需要对过去的数据重新进行处理。

7.7 数据发布间隔

WDCA 希望以小时为统计时间间隔发布常规年度数据,包括算术平均值和标准偏差、中值以及测量数量等,且格式为 EBAS NASA-AMES 文件样式。WDCA 还接受本地时间分辨率的原始的或经处理的数据。更多的信息请访问以下网址:

http://www.gaw-wdca.org/SubmitData/AdvancedDataReporting.aspx。

参考文献

Alexandrov M D, Marshak A, Cairns B, et al, 2004. Automated cloud screening algorithm for MFRSR data [J]. Geophysical Research Letters, 31, L04118.

Augustine J A, Hodges G B, Dutton E G, et al, 2008. An aerosol optical depth climatology for NOAA's national surface radiation budget network (SURFRAD) [J]. Journal of Geophysical Research, 113, D11204, doi:10.1029/2007JD009504.

Bodhaine B, Wood N B, Dutton E G, et al, 1999. On Rayleigh optical depth calculations[J]. Journal of Atmospheric and Oceanic Technology, 16:1854-1861.

Cachorro V E, Toledano C, Sorribas M, et al, 2008. An "in situ" calibration-correction procedure (KCICLO) based on AOD diurnal cycle: Comparative results between AERONET and reprocessed (KCICLO method) AOD-alpha data series at El Arenosillo, Spain[J]. Journal of Geophysical Research, 113, D02207, doi:10.1029/2007JD009001.

Campanelli M, Nakajima T, Olivieri B, 2004. Determination of the solar calibration constant for a sun sky radiometer: Proposal of an in situ procedure[J]. Applied Optics, 43(3):651-659.

Che H, Shhi G, Uchiyama A, et al, 2008. Intercomparison between aerosol optical properties by a PREDE skyradimeter and CIMEL sunphotometer over Beijing, China[J]. Atmospheric Chemistry and Physics, 8: 3199-3214.

Forgan B W, 1994. General Method for calibrating Sun photometers[J]. Applied Optics, 33:4841-4850.

Gueymard C, 1995. SMARTS2 A simple model of atmospheric radiative transfer of sunshine: Report FSEC-PF-270-95[R]. Florida Solar Energy Center.

Harrison L, Michalsky J, 1994. Objective algorithms for the retrieval of optical depths from ground-based measurements[J]. Applied Optics, 33:5126-5132.

Herman B M, Box M A, Reagan J A, et al, 1981. Alternate approach to the analysis of solar photometer data[J]. Applied Optics, 20:2925-2928.

Holben B N, Eck T F, Slutsker I, et al, 1998. AERONET—A federated instrument network and data archive for aerosol characterization[J]. Remote Sensing of Environment, 66:1-16.

Holben B N, Tanré D, Smirnov A, et al, 2001. An emerging ground-based aerosol climatology: Aerosol optical depth from AERONET[J]. Journal of Geophysical Research, 106:12067-12097.

Kasten F, 1966. A new table and approximation formula for the relative optical air mass[J]. Arch Meteo Geophys Bioklim Ser B, 14:206-223.

Kasten F, Young A T, 1989. Revised optical air mass tables and approximation formula[J]. Applied Optics, 28:4735-4738.

Kim S W, Yoon S C, Dutton E G, et al, 2008. Global surface-based Sun photometer network for long-term observations of column aerosol optical properties: Intercomparison of AOD[J]. Aerosol Science and Technology, 1:1-9.

McArthur B, Halliwell D H, Niebergall O J, et al, 2003. Field comparison of network sunphotometers[J]. Journal of Geophysical Research, 108, D19, 4596.

Michalsky J, 1988. The astronomical Almanach's algorithm for approximate solar position (1950-2050) [J]. Solar Energy, 40:227-235, and errata in 41, 113 and 43, 323.

Mitchell R M, Forgan B W, 2003. Aerosol measurement in the Australian outback: Intercomparison of sun photometers[J]. Journal of Atmospheric Oceanic Technology, 20:54-66.

Nakajima T, Sekiguchi M, Takemura T, et al, 2003. Significance of direct and indirect radiative forcings of aerosols in the East China Sea region[J]. Journal of Geophysical Research, 108, D23, 8658.

Ohmura A, Dutton E G, Forgan B, et al, 1998. Baseline Surface Radiation Network (BSRN/WCRP): New precision radiometry for climate research[J]. Bulletin of the American Meteorological Society, 79(10): 2115-2136.

Russel P B, Livingston J M, Dubovik O, et al, 2004. Sunlight transmission through desert dust and marine aerosols: Diffuse light correction to Sun photometry and pyrheliometry[J]. Journal of Geophysical Research, 109, D08207, doi:10.1029/2003JD004292.

Schmid B, Wehrli C, 1995. Comparison of Sun photometer calibration by use of the Langley technique and the standard lamp[J]. Applied Optics, 34:4500-4512.

Shaw G E, 1976. Error analysis of multi-wavelength sun photometry[J]. Pure and Applied Geophysics, 114:1-14.

Smirnov A, Holben B N, Eck T F, et al, 2000. Cloud screening and quality control algorithms for Aeronet database[J]. Remote Sensing of Environment, 73:337-349.

Smirnov A, Holben B N, Slutsker I, et al, 2009. Maritime Aerosol Network as a component of Aerosol Robotic Network[J]. Journal of Geophysical Research, 114, D06204.

WCRP, 2005. Baseline Surface Radiation Network operations manual: WMO TD No. 1274[R]. World Meteorological Organization.

Wehrli C, 1999. World Optical Depth Research and Calibration Centre, Global Atmosphere Watch International Activities and Swiss Contribution: Ozone, Radiation and Aerosols in the Atmosphere[M/OL]. Swiss Agency for the Environment, Forests and Landscape UM-110-E: 19-22, ftp://ftp.pmodwrc.ch/pub/worcc/gaweth98.pdf.

Wehrli C, 2000. Calibrations of filter radiometers for determination of atmospheric optical depth[J]. Metrologia, 37:419-422.

WMO, 1986. Recent Progress in Sun Photometry: Determination of the Aerosol Optical Depth: WMO TD No. 143 (GAW Report No. 43)[R]. World Meteorological Organization.

WMO, 1994. Report of the WMO Workshop on the Measurement of Atmospheric Optical Depth and Turbidity (B Hicks, Editor): WMO TD No. 659 (GAW Report No. 101) [R]. World Meteorological Organization.

WMO, 2005. Experts Workshop on A Global Surface-based Network for Long Term Observations of Column Aerosol Optical Properties: WMO TD No. 1287 (GAW Report No. 162) [R]. World Meteorological Organization.

WMO, 2008. Guide to Meteorological Instruments and Methods of Observation: WMO-No. 8 [R]. World Meteorological Organization.

联系人

Stelios Kazadzis
Physikalisch-Meteorologisches Observatorium Davos
World Radiation Centre
Dorfstrasse 33
CH-7260 Davos Dorf
Switzerland
E-mail: stelios.kazadzis@pmodwrc.ch

8 GAW 气溶胶激光雷达

8.1 导论

激光雷达(LIght Detection And Ranging,LIDAR)利用发射垂直方向的激光脉冲,测量气溶胶沿垂直路径上的散射,是获取气溶胶垂直分布特征和其他物理特征常规信息的最佳来源。目前,利用探空气球和飞机搭载仪器测量气溶胶没有得到广泛的应用,是因为其经济性较差且在许多地方未被推广。而地面监测网和星载激光雷达已在使用中,它们能补充对地面现场或气溶胶柱总量的测量。地基激光雷达满足了对边界层结构、高度及随时间变化等连续观测的研究需求,同时,有助于了解地基观测的代表性。此外,有关自由对流层长距离输送的信息,包括卷云在内的云观测,以及对由气溶胶引起的消光在垂直方向上分布的了解,对于理解大气气溶胶的气候作用至关重要。关于气溶胶的高分辨率信息对许多气候过程(如辐射传输)的研究也很重要。

激光雷达观测应用于合作观测网时能发挥更大的作用。激光雷达观测网是研究大空间尺度气溶胶、输送路径和变化现象的基础。对 GAW 有贡献的激光雷达观测网包括:AD-NET、ALINE、CIS-LiNet、EARLINET、MPLNET 和 NDACC。这些激光雷达观测网在 GAW 气溶胶激光雷达观测网(GALION)的协调下开展观测工作。GALION 由多个观测网组成是因为要实现最佳覆盖范围,同时在多个观测站点安装一批同类的系统,从而建立全球气溶胶激光雷达网络的作法是不可行的。相反,GALION 应有效利用已建立站点的现有系统、经验丰富的系统操作人员以及现有观测网的体系结构。GAW 第 178 号报告对 GALION 的体系和发展过程进行了说明。

总之,有必要用 GAW 观测站点的地基激光雷达系统对气溶胶垂直分布进行系统观测。建议在已实施综合气溶胶观测的站点安装激光雷达系统,特别是在那些有较强需求支持长期观测的研究项目的站点。气溶胶激光雷达观测与探空仪、臭氧探空仪、太阳光度计和卫星等其他仪器观测相结合,可以最大程度地发挥信息协同作用。

8.2 激光雷达遥感

激光雷达遥感技术自诞生以来,一直被广泛用于大气痕量气体、云、风和温度的时空分布研究。如今,激光雷达在地基系统、机载平台,甚至太空中也得到了应用(LITE 实验、2006 年发射的 CALIPSO,以及下一个计划中的 ADM-Aeolus 和 EarthCARE)。自 Fiocco 和 Grams(1964)开创平流层气溶胶研究以来,为满足日益增长的研究和环境保护需求,建设了越来越多的激光雷达站。目前,这门相对年轻的科学已经发展到能够根据特定的用途设计专门的系统，且具有很高的可靠性和耐用性。激光技术、测量技术和数据采集技术的高速发展促进了激光雷达遥感技术的发展。一些具有特定用途的激光雷达系统目前已被商业化。

GAW 观测站用激光雷达对气溶胶进行的观测应用于两个方面。第一，激光雷达能够提供对流层中气溶胶随高度变化的高分辨率信息，包括如气溶胶后向散射和消光等光学特性的反演。第二，激光雷达观测数据可用于研究大气结构和传输变化，其方法是将气溶胶作为示踪物。

8.3 气溶胶激光雷达技术

激光雷达基本原理如下：激光脉冲被发射到大气中，在遇到气体分子和颗粒后，能量的一小部分被后向散射到接收器系统（通常是望远镜）的方向，并被传输到作为光电倍增器的光检测器中。光检测器产生的电信号与接收到的光功率成正比，而光功率大小取决于大气散射体和吸收体在光路体积中的存在、范围和浓度。

激光雷达技术能够从消光系数和后向散射系数的垂直廓线、激光雷达比、光学厚度和微物理特性（如形状、折射率指数、粒径分布）等方面来表征大气气溶胶。由于具体仪器的设计不同，尤其是具体的激光-大气散射过程的不同，存在几种不同的激光雷达技术。

弹性后向散射激光雷达是最简单的气溶胶激光雷达：后向散射波长与发射波长相同，在给定范围内接收到的信号的大小取决于沿该路径到给定范围的散射体的后向散射截面，典型的工作波长是 355 nm、532 nm、1064 nm。后向散射激光雷达的典型产品是通过假设激光雷达比率（即消光系数与后向散射系数之比，其在整个廓线中基本保持不变，在现代气候学中通常由拉曼激光雷达测量得到）获得气溶胶后向散射系数的垂直廓线。在这里必须强调，如果没有关于激光雷达比的事先假设，弹性后向散射激光雷达系统不能提供定量的气溶胶后向散射数据。

退偏振激光雷达是一种弹性后向散射激光雷达，具有探测后向散射辐射的平行和垂直极化分量的两个通道，能够获得气溶胶粒子形状的定量信息，对气溶胶类型以及薄云污染廓线的识别有很大帮助，典型工作波长是 355 nm 和 532 nm，但系统需要精确校准。

拉曼激光雷达技术通过测量特定气体的非弹性拉曼散射来进行观测。利用分子氮（或氧）的拉曼后向散射辐射获得气溶胶消光系数的垂直廓线，与具有相同发射波长下的弹性散射耦合，可在不假设激光雷达比的情况下得到气溶胶后向散射系数的垂直廓线。典型的工作波长为 355 nm 和 532 nm，即使在白天，相较于可见光，优先使用具有较高信噪比的紫外线波长。现有的大多数拉曼激光雷达仪器还配备了一个退偏振通道，可提供粒子线性退偏比数据。此外，先进的多波长拉曼气溶胶激光雷达技术已被证明是唯一能够提供气溶胶微物理特性范围解析的技术。此外，转动拉曼激光雷达系统可以设计用于优化白天的消光观测。

高光谱分辨率激光雷达（HSRL）技术能够实现对气溶胶光学厚度、消光和后向散射的校准测量。根据测得的颗粒散射与分子散射之比来计算测量值。同时，提供了绝对校准，使校准对输出窗口上的灰尘或降水不敏感。极窄的视场角可以减少来自杂散源的污染，如多次散射。较小的视场角，加上较窄的光学带宽，在白天运行时几乎消除了由于日光散射而产生的噪声，改善了信噪比。

云高仪是基本的弹性后向散射激光雷达,使用二极管激光光源,以低能量、高重复率(每个脉冲能量量级 μJ 和频率量级 kHz)发射红外波长(通常为 905 nm 或 1064 nm),检测云层和降水产生的弹性后向散射辐射。云高仪是一种独立的、自动的、地基主动遥感设备,用于测量云底高度和潜在的气溶胶后向散射信号。云高仪可以提供气溶胶垂直分布的定性信息。

以上这些激光雷达技术,都能提供适用于观测高度达到对流层上部/平流层下部范围的气溶胶时空分布的数据产品,并可以从空气动力学和微观物理的角度对气溶胶进行表征。激光雷达的主要局限性与降雨、浓雾和厚云(光学厚度大于 2～3)的存在有关,这些都妨碍对云底上方区域的大气进行监测。激光雷达仪器所覆盖的高度范围从重叠高度(发射器和接收器之间完全重合的高度)的底部开始受到限制,重叠高度通常为地面以上 250～500 m,但根据具体设计,也可能达到地面以上 2 km。最大高度范围在很大程度上取决于激光的功率和光学设计。

8.4　激光雷达气溶胶产品

激光雷达气溶胶产品包括:

- 几何特性:

——层识别(层顶部、底部和质心)。

- 光学特性廓线:

——广义光学参数:气溶胶后向散射系数(b_a)、气溶胶消光系数($\mathring{a}_a$);

——狭义光学参数:激光雷达比(S)、粒子线性退偏比(d_a)、Ångström 后向散射相关指数($\mathring{a}_b$)、Ångström 消光相关指数($\mathring{a}_a$),识别层的光学特性;

——后向散射积分,AOD;

——狭义光学参数平均(激光雷达比、粒子线性退偏比、Ångström 后向散射相关指数、Ångström 消光相关指数)。

- 气溶胶分型分类;
- 质量浓度估算;
- 微物理特性反演。

表 8.1 列出了使用下列不同激光雷达技术可获得的不同气溶胶激光雷达产品。

气溶胶监测的激光雷达技术主要有:

- 云高仪;
- 单波长后向散射激光雷达;
- 单波长后向散射激光雷达＋退偏振通道;
- 拉曼激光雷达;
- 拉曼激光雷达＋退偏振通道;
- 高光谱分辨率激光雷达(HSRL);
- 高光谱分辨率激光雷达(HSRL)＋退偏振通道;
- 多波长后向散射激光雷达;
- 多波长后向散射激光雷达＋退偏振通道;

- 多波长拉曼激光雷达；
- 多波长拉曼激光雷达+退偏振通道。

表 8.1 与特定地基激光雷达技术相关的激光雷达产品

地基激光雷达技术	几何特性	b_a	a_a	S^*	AOD	$\mathring{a}_a$	$\mathring{a}_b$	类型¥	微物理特性
云高仪‡	√	√§							
云高仪+太阳光度计	√	√	√(d)[6]		√(d)				
云高仪+太阳光度计+退偏振	√	√	√(d)[1]		√(d)			√ (有限的)	
单波长后向散射激光雷达	√	√							
单波长后向散射激光雷达+太阳光度计	√	√	√(d)[1]		√(d)				
单波长后向散射激光雷达+太阳光度计+退偏振	√	√	√(d)[1]		√(d)			√(d) (有限的)	
多波长#后向散射激光雷达	√	√					√		
多波长#后向散射激光雷达+太阳光度计	√	√	√(d)[1]		√(d)	√(d)[1]	√		√(d)[1]
多波长#后向散射激光雷达+太阳光度计+退偏振	√	√	√(d)[1]		√(d)	√(d)[1]	√	√	√(d)[1]
单波长拉曼激光雷达/HSRL	√	√	√[7]	√[2]	√[2]			√[2] (有限的)	
单波长拉曼激光雷达/HSRL+太阳光度计	√	√	√[2]	√[2]	√[2]	√(d)[1]	√(d)[1]	√ (有限的)	√(d)[1]
单波长拉曼激光雷达/HSRL+太阳光度计+退偏振	√	√	√[2]	√[2]	√[2]	√(d)[1]	√(d)[1]	√	√(d)[1]
多波长#拉曼激光雷达/HSRL	√	√	√[2]	√[2]	√[2]	√[2]	√	√[2]	√[2]
多波长#拉曼激光雷达/HSRL+太阳光度计	√	√	√[2]	√[2]	√[2]	√[2]	√	√	√[2]
多波长#拉曼激光雷达/HSRL+太阳光度计+退偏振#	√	√	√[2]	√[2]	√[2]	√[2]	√	√	√[2]

* 从2开始独立测量。

¥ 散射类型识别(气溶胶颗粒物、云滴、冰晶、一些气溶胶类型信息)。

‡ 云高仪是单波长、低功率的激光雷达，较低的S/N比值(信噪比)。

§ 已标校。

[6] 仅用于评估。

\# $m>2$(波长数超过2个)。

[7] 大多数拉曼激光雷达系统在夜间工作。也存在24 h拉曼激光雷达系统，其可运行性已被证明，但目前很少有白天运行拉曼通道；HSRL不依赖于白天。

d=仅白天，n=仅夜间。

附注：

• 测量范围：典型的高度范围为 0.3～15 km。高度范围在很大程度上取决于系统的光学设计和激光功率。更强大的系统设计也可用于平流层测量，在这种情况下，最大测量高度范围通常为 25～30 km。最小高度受重叠作用限制，重叠作用与具体的光学设计严格相关：具体设计系统的最小高度范围约为 150 m。

• 分辨率：垂直(m)、时间(min)。

• 准确度：很难对不同激光雷达产品的准确度进行一般性估计，因为这在很大程度上取决于具体的系统和气象条件。平均而言，消光系数和后向散射系数的不确定度约为 20%(对于拉曼激光雷达或高光谱激光雷达)。只有当光学数据的不确定度优于 20%～30%时，才有可能反演微物理特性。

• 限制：激光雷达和云高仪在有雨、大雾和低云期间不提供气溶胶产品。

• 云高仪：气象领域使用的云高仪有几种类型。一般来说，较旧的、通常功能较弱的仪器几乎无法探测到大气中的气溶胶层，而较新的仪器对于火山灰/沙尘探测和灰/沙尘烟羽的跟踪非常有用。

• 退偏振通道可以区分火山灰和其他气溶胶颗粒。Ångström 参数也已被证明对此有用。

• 火山灰和尘埃/沙尘的鉴别，同时需要一个退偏振通道和一个拉曼通道，并需要对 Ångström 参数进行分析。

8.5 技术参数

需要为所有的 GAW 激光雷达确定校准、数据处理和质量控制措施，并对其进行标准化。

推荐的技术参数可概括如下：单波长、中-可见光波长；后向散射系数(基本系统)和退偏振(改进系统)的昼夜测量；至少到达对流层顶的测量范围；紧凑且防风雨外壳；用于消光系数反演的拉曼或 HSRL(改进系统)；多波长拉曼或 HSRL＋退偏振通道(高级系统)。

激光雷达的灵敏度应可对范围为 0.02～2.0 的对流层光学厚度进行反演。

建议基本的 GAW 激光雷达系统应符合以下具体特性参数：

1)物理特性

• 激光雷达：坚固，紧凑，低功率，光学稳定，易于调整、操作、控制和维护；

• 外壳：紧凑且有窗户，无值守作业时窗户清洁，防风雨，湿度和温度受控制；

• 可用于特殊研究和比对的可移动系统(至少有一些版本)。

2)发射机

• 对于单波长激光雷达系统，建议使用中-可见波长(接近太阳光度计的通道)；

• 在高级气溶胶计划中高度建议使用额外的波长(如 1064 nm 和/或 355 nm)。已经很好地证明，通常可以从多波长后向散射系数和退偏振数据中获得额外信息，包括颗粒物的形状和粒径。

3)安全性

• 人眼安全(从窗向外发射)或使用安全装置，如雷达和飞机跟踪摄像机。

4)运行模式

• 运行：日夜使用，连续自动运行；
• 时间分辨率：平均周期为分钟；
• 高度分辨率：30 m或更高；
• 探测范围：从地面到对流层顶上方几千米。

5)信号

• 后向散射：弹性瑞利+米后向散射至少1个通道；
• 退偏振(推荐用于改进系统的选项)：用于退偏振测量的横向极化和纵向极化信号的两个通道；
• 消光(拉曼或HSRL)(推荐选项)；
• 背景：精确测量预触发器发出的背景信号和/或分析远距离数据。

6)近距离信号

• 为使测量的最小高度更接近地面，可以添加一个低高度、宽视场的通道，或将仰角扫描添加到接近水平的位置。另一种可能是直接测量激光雷达的重叠作用。

7)通信

• 系统控制：现场或遥控；
• 数据传输：现场或遥控。

8)归档程序

• GAW观测站信息系统(GAWSIS)中的元数据描述；
• 数据应链接到世界气溶胶数据中心(WDCA)。

8.6 质量保证和质量控制计划

1)仪器

• 在现场应用质量检测工具；
• 参考可移动的系统，与其进行相互比较。

2)反演算法

• 使用合成数据对原始数据处理进行盲比。

3)可比数据集

• 为了产生可比性；
• 严格要求应用经认证的数据集反演算法。在GAW中开发这种反演算法是一个先决条件。

参考文献

Ansmann A, Riebesell M, Wandinger U, et al, 1992. Combined Raman elastic-backscatter lidar for vertical profiling of moisture, aerosol extinction, backscatter and lidar ratio[J]. Applied Physics B, 55: 18-28.

Ansmann A, Seifert P, Tesche M, et al, 2012. Profiling of fine and coarse particle mass: Case studies of Saharan dust and Eyjafjallajökull/Grimsvötn volcanic plumes[J]. Atmospheric Chemistry and Physics, 12:

9399-9415,doi:10.5194/acp-12-9399-2012.

Binietoglou I, Basart S, Alados-Arboledas L, et al, 2015. A methodology for investigating dust model performance using synergistic EARLINET/AERONET dust concentration retrievals[J]. Atmospheric Measurement Techniques, 8:3577-3600, doi:10.5194/amt-8-3577-2015.

Burton S P, Ferrare R A, Hostetler C A, et al, 2012. Aerosol classification using airborne high spectral resolution lidar measurements-Methodology and examples[J]. Atmospheric Measurement Techniques, 5:73-98, doi:10.5194/amt-5-73-2012.

Flentje H, Claude H, Elste T, et al, 2010. The Eyjafjallajökull eruption in April 2010-detection of volcanic plume using in-situ measurements, ozone sondes and lidarceilometer profiles[J]. Atmospheric Chemistry and Physics, 10:10085-10092, doi:10.5194/acp-10-10085-2010.

Freudenthaler V, Esselborn M, Wiegner M, et al, 2009. Depolarization ratio profiling at several wavelengths in pure Saharan dust during SAMUM 2006 [J]. Tellus B, 61: 165-179, doi: 10.1111/j.1600-0889.2008.00396.x.

Groß S, Esselborn M, Weinzierl B, et al, 2013. Aerosol classification by airborne high spectral resolution lidar observations[J]. Atmospheric Chemistry and Physics, 13:2487-2505, doi:10.5194/acp-13-2487-2013.

Klett J D, 1981. Stable analytic inversion solution for processing LIDAR returns[J]. Applied Optics, 20:211-220.

Klett J D, 1985. LIDAR inversion with variable backscatter/extinction ratios [J]. Applied Optics, 24: 1638-1643.

Lewis J R, Welton E J, Molod A M, et al, 2013. Improved boundary layer depth retrievals from MPLNET [J]. Journal of Geophysical Research: Atmospheres, 118(17):9870-9879 [10.1002/jgrd.50570].

Lopatin A, Dubovik O, Chaikovsky A, et al, 2013. Enhancement of aerosol characterization using synergy of lidar and sunphotometer coincident observations: The GARRLiC algorithm[J]. Atmospheric Measurement Techniques, 6:2065-2088, doi:10.5194/amt-6-2065-2013.

Madonna F, Amato F, Vande J, et al, 2015. Ceilometer aerosol profiling versus Raman lidar in the frame of the INTERACT campaign of ACTRIS[J]. Atmospheric Measurement Techniques, 8: 2207-2223, doi: 10.5194/amt-8-2207-2015.

Marenco F, Hogan R J, 2011. Determining the contribution of volcanic ash and boundary layer aerosol in backscatter lidar returns: A three-component atmosphere approach[J]. Journal of Geophysical Research, 116, D00U06, doi:10.1029/2010JD015415.

Mona L, Amodeo A, Pandolfi M, et al, 2006. Saharan dust intrusions in the Mediterranean area: Three years of Raman lidar measurements [J]. Journal of Geophysical Research, 111, D16203, doi: 10.1029/2005JD006569.

Müller D, Mattis I, Wandinger U, et al, 2005. Raman lidar observations of aged Siberian and Canadian forest fire smoke in the free troposphere over Germany in 2003: Microphysical particle characterization[J]. Journal of Geophysical Research, 110, D17201.

Murayama T, Sugimoto N, Uno I, et al, 2001. Ground-based network observation of Asian dust events of April 1998 in East Asia[J]. Journal of Geophysical Research, 106(16):18345-18359.

Omar A H, Winker D M, Kittaka C, et al, 2009. The CALIPSO automated aerosol classification and lidar ratio selection algorithm[J]. Journal of Atmospheric and Oceanic Technology, 26:1994-2014, doi:10.1175/2009JTECHA1231.1.

Pappalardo G, Amodeo A, Apituley A, et al, 2014. EARLINET: Towards an advanced sustainable European aerosol lidar network [J]. Atmospheric Measurement Techniques, 7: 2389-2409, doi: 10.5194/amt-7-2389-2014.

Pappalardo G,Mona L,D'Amico G,et al,2013. Four-dimensional distribution of the 2010 Eyjafjallajökull volcanic cloud over Europe observed by EARLINET[J]. Atmospheric Chemistry and Physics,13:4429-4450, doi:10. 5194/acp-13-4429-2013.

Reid J S,Hyer E J,Johnson R S,et al,2013. Observing and understanding the Southeast Asian aerosol system by remote sensing:An initial review and analysis for the Seven Southeast Asian Studies(7SEAS)program[J]. Atmospheric Research,122:403-468. [10. 1016/j. atmosres. 2012. 06. 005].

Sassen K,1991. The polarization lidar technique for cloud research:A review and current assessment[J]. Bulletin of the American Meteorological Society,72:1848-1866.

Schmid B,Ferrare R,Flynn C,et al,2006. How well do state-of-the-art techniques measuring the vertical profile of tropospheric aerosol extinction compare? [J]. Journal of Geophysical Research,111(D5):D05S07 [10. 1029/2005JD005837].

Shimizu A,Sugimoto N,Matsui I,et al,2015. Direct comparison of extinction coefficients derived from Mie-scattering lidar and number concentrations of particles,subjective weather report in Japan[J]. Journal of Quantitative Spectroscopy and Radiative Transfer 03/2015:153,doi:10. 1016/j. jqsrt. 2014. 12. 005.

Shipley S T,Tracy D H,Eloranta E W,et al,1983. High spectral resolution lidar to measure optical scattering properties of atmospheric aerosols. 1: Theory and instrumentation [J]. Applied Optics, 22 (23): 3716-3724.

Sugimoto N,Shimizu A,Nishizawa T,et al,2015. Aerosol characteristics in Phimai,Thailand determined by continuous observation with a polarization sensitive Mie-Raman lidar and a sky radiometer[J]. Environmental Research Letters,10(2015)065003,doi:10. 1088/1748-9326/10/6/065003.

Veselovskii I,Kolgotin A,Müller D,et al,2005. Information content of multiwavelength lidar data with respect to microphysical particle properties derived from eigenvalue analysis[J]. Applied Optics,44(25): 5292-5303.

Wang S H,Tsay S C,Lin N,et al,2011. First detailed observations of long-range transported dust over the northern South China Sea[J]. Atmospheric Environment, 45 (27): 4804-4808 [10. 1016/j. atmosenv. 2011. 04. 077].

Welton E J,Campbell J,2002. Micro-Pulse Lidar signals: Uncertainty analysis[J]. Journal of Atmospheric and Oceanic Technology,19:2089-2094.

Welton E J, Voss K, Quinn P, et al, 2002. Measurements of aerosol vertical profiles and optical properties during INDOEX 1999 using micropulse lidars[J]. Journal of Geophysical Research, 107 (D19): 8019 [10. 1029/2000JD000038].

Wiegner M,Madonna F,Binietoglou I,et al,2014. What is the benefit of ceilometers for aerosol remote sensing? An answer from EARLINET[J]. Atmospheric Measurement Techniques,7:1979-1997,doi:10. 5194/amt-7-1979-2014.

有关一般和具体的资料,可在 GALION 第二期研讨会的报告中查阅,网址为:http://www. wmo. int/gaw/galion/index. html.

其他更多的信息,可以在以下激光雷达观测网的册址查阅:

- AD-Net-Asian Dust and Aerosol Lidar Observation Network:http://www-lidar. nies. go. jp/AD-Net/;
- ALINE-Latin America Lidar Network:www. aline. org;
- EARLINET-European Aerosol Research Lidar Network:www. earlinet. org;
- MPLNET-Micro Pulse Lidar Network:http://mplnet. gsfc. nasa. gov/。

联系方式

Dr Gelsomina Pappalardo
Consiglio Nazionale delle Ricerche-Istituto di Metodologie per l'Analisi Ambientale,CNR-IMAA
Contrada S. Loja
Tito Scalo zona industriale(Potenza)I-85050,Italy
E-mail:gelsomina. pappalardo@imaa. cnr. it

9 归档程序

9.1 导论

世界气溶胶数据中心（WDCA）是世界气象组织（WMO）全球大气观测计划（GAW）的大气气溶胶的微物理、光学和化学性质的数据库和档案馆。过去十年间，向 GAW WDC 之类研究网络数据中心提出的需求已发生很大变化。当外发的 GAW 战略规划于 2007 年获得批准时（GAW 第 172 号报告），下述的 GAW 气溶胶世界数据中心的目标便被 GAW 气溶胶计划的目标催生出来，具体如下：

• **“……在多个年代际的时间尺度上确定气溶胶时空分布特征与气候强迫和空气质量的相关性”**。除了建立一个覆盖全球的观测站网，对 GAW 气溶胶计划优先考虑的气溶胶参数进行观测外，这一目标还要求将观测数据长期存档。

• **“由于气溶胶粒子在大气中停留的时间相对较短，全球需要建立大量观测站点”**。为提高数据密度和质量，WDCA 通过交换有质量保证的数据和专门知识与美国跨部门可视环境保护监测计划（IMPROVE），欧洲经济委员会欧洲监测与评估计划（EMEP），以及欧盟气溶胶、云和痕量气体研究基础设施网络（ACTRIS）等区域观测站网进行合作。

• **“WDCA 应提供高质量的数据，和允许用户合理使用数据所需的所有信息”**。数据需要用足够的操作程序和观测环境的元数据来记录，即使在数据观测主要负责人不在的情况下，数据也能被详细解释。这个要求并不违背 GAW 鼓励数据提供者和用户之间建立新合作关系的策略。

与主要侧重于数据收集的目标相比，新的 GAW 执行计划（2016—2023 年）为 WDCs 增加了大量反映科学数据管理专业化及公众对科学观测站网额外要求的新目标，具体如下。

• **可追溯性**。对于数据来说，可追溯性意味着所有数据处理步骤都应该以某种方式记录下来，以便能够追溯到数据测量时间。提此要求为的是在未来专业知识改进的情况下，即使数据观测负责人不在，也能够对数据进行再处理。通过可追溯数据，可将数据采集、数据处理和数据质量控制分解成一系列详细且明确的步骤，这些步骤将被记录并在观测站网中进行统一。

• **互操作性**。一些国际框架已设定使数据在整个科学政策或研究网络易被发现、下载和使用。最值得关注的是全球对地观测系统（GEOSS）、WMO 信息系统（WIS）、欧盟激励指令和欧盟地球观测哥白尼计划。

• **业务服务（近实时数据收集和传播）**。WIS 和哥白尼计划正致力于将研究网络数据开发成用于改进天气预报、空气质量预报和模型技巧评估的业务产品。因此，需要在 1～3 h 内完成数据的收集、自动处理和集中发布。

为实现 GAW 气溶胶计划规定的目标,GAW SAG 确定了参与观测的站点优先观测的气溶胶参数清单(见表 1.1)。

GAW 计划中不同观测站点观测的气溶胶参数不同。GAW 观测站点在自愿的基础上发布观测数据,因为观测站的基础设施是参加国对 GAW 计划的贡献。

9.2 WDCA 体系结构

GAW 气溶胶计划可分为两个部分:1)主动柱遥感观测(激光雷达);2)近地面原位观测与地面被动遥感。GAW 气溶胶激光雷达观测网(GALION)利用激光雷达进行主动柱遥感观测。目前,GALION 观测数据被汇集到激光雷达网络的数据中心,具体如下:

- 气溶胶、云和痕量气体研究基础设施(ACTRIS)激光雷达网;
- 亚洲沙尘网(AD-Net);
- 美国激光雷达网(ALINE);
- 利用激光雷达网监测 CIS 区域大气气溶胶和臭氧(CIS-LiNet);
- 拉丁美洲激光雷达网(LALINET or ALINE);
- 微脉冲激光雷达网(MPLNET);
- 大气成分变化监测网(NDACC);
- NOAA 合作遥感科技(CREST)激光雷达网(CLN);
- 东部区域气溶胶激光雷达中尺度网(REALM)。

通过共同的门户网站对以上观测网的数据进行查询和访问已达成共识。

WDCA 将近地面原位和地面被动遥感观测数据存储在 EBAS 数据库中,该数据库最初是为欧洲经济委员会欧洲监测与评估计划(EMEP)设计的。如今,EBAS 已成为主要近地面和原位观测站点大气成分数据的长期数据档案馆。在 EBAS 数据库中,WDCA 的数据通过与 GAW-WDCA 完全的质量保证数据框架关联来进行标识,GAW-WDCA_NRT 则表示近实时数据。

WDCA 数据应按照两种不同的模板进行汇集,具体如下。

(1)常规数据报告

最终的质量控制数据(2 级,详见表 9.1)通常一年发布一次。报告截止日期是数据采集年的下一年的年末(即在第 $N+1$ 年末前发布第 N 年的数据)。要成为 GAW 的成员,站点要承诺按照模板公布观测数据。可追溯数据报告按照常规数据提交方式进行提交。WDCA 不要求贡献网站向 WDCA 提供数据,但是,要求贡献网站能通过他们的数据中心提供数据(GAW 和贡献站点要求见(WMO,2016))。

(2)近实时(NRT)数据报告

在 1 h 至最大 3 h 的持续时间里发布带注释的原始数据(0 级,详见表 9.1),从 1 h 开始到 1 h 结束即在报告时间间隔结束时发布数据。近实时数据报告提供了一个选定的气溶胶变量集。参与该计划是自愿的,但是鼓励参与。

随着合作次数的增加,数据提供者能够从 WDCA 发布的改进数据中获益。提交 WDCA 的数据受下述正当使用数据政策的保护:“对于以科研为目标的数据应用,访问 GAW WDCA

数据是没有限制且免费提供。无论何时大量使用 GAW WDCA 数据,你都需要与数据提供者或所有者取得联系,并同意他们提出的合作作者的提议。在所有情况下,当数据在出版物中使用时,应向数据提供者、数据所有者和数据中心致谢。”

这个数据保护政策的一个例外是 NRT 数据。由于数据是被自动处理的,因此具有较大的系统不确定性和较高的解释要求;由于近实时数据的有效性有限,常规报告并未包含,需要进行人工的质量控制;通过 GAW 和用户机构或框架之间的特别协议,可以获得 NRT 数据。以下数据政策适用于 NRT 数据:“近实时数据传输(NRT)方案实施的是 WMO-GAW 的一个试验性项目。近实时气溶胶数据是自动处理的原始数据,未经过气溶胶专家的任何审核。在数据应用中,数据的缺失和问题是可预见和可接受的,如被空气质量预报模式所同化。近实时数据不应被用于代替最终的,‘干净的’,常规报告中的数据,并且数据提供者应明确禁止用户发布近实时数据。访问 WDCA NRT 数据需要注册登记,未经数据提供者同意,用户不应分发或发布数据。在试验性项目阶段,GAW 气溶胶科学咨询组将审核注册申请。由于数据提供者很有兴趣知晓数据如何被使用,因此,非常鼓励数据用户和数据提供者之间的联系。”

对于两种数据汇集模板,常规和 NRT 数据报告的标准数据流通过站点直接进入 WDCA 的 EBAS 数据库,也可以通过匿名的 FTP(常规数据报告)或者具有特定站点登录的 FTP(NRT 数据报告)进入 EBAS 数据库。WDCA 数据采集(包括对常规和近实时数据的贡献)也可以由子观测网或贡献网站协助,这些站点从参与它们的站点收集数据,并每年定期发布经过人工质量控制的数据或发布作为 NRT 预处理的数据。这些子观测网或贡献网站包括:

• GAW 精密滤光片辐射计(PFR)网,由位于瑞士达沃斯的世界光学厚度研究校准中心负责管理。PFR 网发布由当前全球 24 个观测站提供的由地基被动遥感观测的常规和 NRT 气溶胶光学厚度数据。

• 联邦气溶胶网由美国国家海洋大气局(NOAA)地球系统研究实验室(ESRL)全球监测司(GMD)负责协调。NOAA ESRL GMD 气溶胶网发布当前全球 23 个观测站提供的近地面气溶胶光学和微物理特性的常规和 NRT 数据。

• ACTRIS 近地面原位观测网。ACTRIS 近地面原位观测网发布当前全球 29 个观测站提供的近地面原位的气溶胶光学和微物理特性的常规和 NRT 数据,但是,站点主要位于欧洲。

• 美国保护视觉环境跨机构监测(IMPROVE)网。IMPROVE 发布当前美国 11 个观测站的近地面原位气溶胶光学特性的常规和人工质量控制数据。

9.3 数据可追溯性的实现

数据的可追溯性是通过 WDCA 数据等级体系来实现的。目的是为所支撑的每个大气气溶胶观测和数据等级提供数据格式模板(表 9.1)。

表 9.1 GAW 信息报告中数据等级描述

<table>
<tr><th>数据等级</th><th colspan="2">描述</th><th>用途</th></tr>
<tr><td>0</td><td colspan="2">• 带注释的原始数据
• 特定仪器格式
• 包含仪器提供的所有参数
• 包含为处理到最终值所需的所有参数/信息
• “本地”时间分辨率</td><td>• 高级数据报告
• 近实时(NRT)数据报告</td></tr>
<tr><td>1</td><td colspan="2">• 数据处理到最终参数
• 删除无效数据和校准事件
• 适当标识的极端和具体事件
• “本地”时间分辨率
• 特定属性格式
• 如有必要，订正到标准温度和压力条件(273.15 K，1013.25 hPa)</td><td>• 高级数据报告
• 相互间比较</td></tr>
<tr><td>1.5</td><td>• 按小时平均值汇总的数据</td><td>自动处理</td><td>近实时(NRT)数据处理</td></tr>
<tr><td>2</td><td>• 用标准差或百分位量化的大气变化性
• 特定属性格式</td><td>人工质量控制</td><td>常规、年度数据报告</td></tr>
</table>

标准操作规程(SOPs)，例如，本报告中所提及的那些规程，即描述数据等级之间的处理步骤。元数据项中，在数据文件头中，SOPs 被称为“标准方法”。常规、年度数据报告仅包含 2 级数据的格式。

9.4 向 WDCA 提交数据

9.4.1 标准规范的数据报告

9.4.1.1 数据质量

对于 GAW 网中大多数类型的气溶胶观测数据，气溶胶 SAG 给出了普遍应用的测量方法和数据处理过程清单，包括参考文献。请阅读本报告的其他部分和 GAW 第 200 号报告(测量颗粒物质量浓度、光散射和吸收的标准操作规程)。数据文件的头部包含有一个字段，用于说明使用的处理过程。参数特定数据文件模板中包含每一个参数可用的程序列表。即使数据集与这些标准规程中的任何一项均不一致，也可以将数据集提交给 WDCA，但需要说明数据集中没有使用上述的任何标准操作规程。

9.4.1.2 提交格式

数据提供者需要按照 EBAS NASA-Ame 规定的格式对提交给 WDCA 的数据进行格式化。由数据提供者承担将数据汇总为报告格式的工作，主要基于以下原因。

1)**避免错误**。提供者重新格式化的数据会增加数据中的错误数量。重新格式化的过程通常涉及数据提供者和数据中心之间关于如何解释数据的长时间的通信，并且容易产生歧义和信息丢失。数据提供者和数据中心之间以清晰明确的数据格式作为连接界面，避免了信息丢失。

2)数据提供者的科学标准。年度数据提交是观测站一年科学工作的重要内容。年度数据提交标准是很多数据提供者的标准中的一部分,数据提供者希望自己完成这部分工作。

3)数据中心的工作量。EBAS 数据库每年负责收集 WDCA(包括合作观测网)的 6000 多个数据集。对于重新格式化如此大量的数据,其他数据中心服务的数据容量和质量都十分有限。数据中心与数据提供者和用户一起释放这些资源,有利于数据的解释和传播。

数据格式基于 ASCII 文本 NASA-Ames 1001 格式(可以使用 ASCII 和 UTF-8 字符集)且易于理解,但为确保正确归档还应包含额外的元数据规范,使用这一格式的原因如下。

1)简单性。由纯 ASCII 文本文件构成的 EBAS NASA-Ames 可以汇编,也可以与很多现有可用的电子表格应用程序、绘图应用程序和数字库联合使用。数据格式的可读性强,且易于理解。尽管几乎不能与其他数据格式相匹配,但经过充分的优化数据格式就可以用几页纸清晰地说明操作指南,且包含了高效完成数据存档、查找和归档所必需的信息。

2)减少格式混乱。NASA Ames 1001 和 EBAS NASA Ames 的一些特性和规范针对的是较老的环境。这是由于定义一个略微优化的新格式,使必要的新特性能够在现有的格式中实现,就可能会增加格式混淆且妨碍现有程序和数据库的使用。

3)保持低门槛。其他格式(如 NetCDF 或 HDF)可以分别用于模式和卫星领域。这些二进制的格式对于人们来说不易阅读,需要将特殊的应用程序或规程以及快速学习方法集成在一起。对于 EBAS,则趋向于尽可能降低数据提供者的门槛。EBAS NASA Ames 已经良好运行超过十年,同时也被大气监测基础设施不发达的国家使用。

WDCA 网页内的“提交”部分,包含用于提交所支持观测类型数据的文件格式模板。清单和模板本身都是动态的,会不断更新以适应新的观测类型和改进数据文档的新要求。这些模板见附录 A。

9.4.1.3 数据提交过程

提交数据的常规步骤如下。

1)在 GAWSIS 注册站点

首次向 WDCA 提交数据的站点,需要确认该站点已在 GAW 站点信息系统中注册(GAWSIS,https://gawsis. meteoswiss. ch)。如果尚未注册,站点主要负责人或其他授权人员可以注册该站点。通过电子邮件(ebas@nilu. no)与 WDCA 联系后,联系人将收到 GAWSIS 的登录认证信息。登录后,在 GAWSIS 的菜单项“注册新站点”中填写表格完成站点注册。

2)与 WDCA 初步联系

数据提交人应通过向 ebas@nilu. no 发送电子邮件与 WDCA 建立初步联系。在这个邮件中,应表明 GAWSIS 站 ID(通过 GAWSIS 站点注册获得)和要报告的参数。回复邮件中,数据提交人将收到三个另外的 ID:1)EBAS 站点代码;2)EBAS 平台代码;3)提交元数据需要的实验室数据分析代码。这主要是因为有多个合作框架,所以导致具有多个站点代码。三个字母的 GAW IDs 和 CLRTAP EMEP 数据库 EBAS 中使用的 IDs 相互独立,同步维护。

3)数据质量评估

质量评估是数据报告中工作量最大、最重要的环节,也是数据进一步使用的先决条件。

参数或仪器类型的标准操作规程(SOP)应在数据采集、数据处理和评估中得到应用。数据中可能会出现由于校准、故障或其他情况(如站点周边活动等)造成部分时段观测数据无效的情况,这有必要向用户反馈。WDCA 用标识系统对这些情况进行标识。每个标识用一个31位的数字表示。通常将数据类型的标识与相应的数据格式模板放在同一页中。在完整的标识清单中给出了其他的标识,这可以在以下网址上查询:http://www.nilu.no/projects/ccc/flags/flags.html。标识清单很全面,但可能不完整,如果需要更多的标识,可以发送电子邮件至 ebas@nilu.no。

4)汇编/更新元数据头部信息

① 首次提交

首次提交数据时,应将表头与元数据相组合,从 WDCA 网页复制用于待报告参数的模板,修改台站和数据采集与处理方案。在线模板中的每一行,或相应的行号都有指向内容说明的链接。解释说明总是从所用语法的说明开始。"<>"中的项目,标志出一个位置可用所描述的内容或关键字进行替换。由于许多行包含一个识别内容的关键字,且这些关键字通过字符串比较来进行识别,因此解释说明的内容应严格遵循语法。应采用 ASCII 或 UTF-8 字符。

② 连续提交

对于先前已向 WDCA 提交过数据的站点和参数,可以复制和更新上一年的头部信息。如果仪器设置中发生任何更改,应对所有元数据项进行检查和更新。特别是对于后期的趋势分析,将任何可能导致数据集中断的更改都记录在元数据中是非常重要的。

5)格式化数据、加入表头和数据部分

EBAS NASA Ames 文件的数据部分由一个固定宽度、固定数字格式的 ASCII 表组成,数字格式在文件头中指定。一旦数据部分构建完成,就要将头部和数据部分加入 1 个文件中,这个文件具有在头部使用的文件名。

6)提交数据

包含提交数据的文件被上传到 EBAS 的匿名 FTP 站点,该站点可通过以下网址进入:ftp://gaw-wdca.nilu.no/incoming。

为了防止滥用,此服务器设置为"盲丢弃"模式。服务器仅接受上传文件,而忽略目录请求,即不能看到上传后的文件。文件一旦上传就不能被删除。当上传的文件中有错误时,可发送详细情况说明邮件到 ebas@nilu.no。如果数据类型被识别并且文件名语法正确,一个确认回执邮件会自动发送到提交文件中指定的数据负责人和数据提交者的所有电子邮件地址。即使提交的数据在数据库中不可见,但提交状态的总结页面是可供使用的,例如,有格式问题需要解决时。

9.4.1.4 历史数据

对于评估大气气溶胶的载荷和特性趋势,有长时间序列的数据非常重要。因此,WDCA 不仅欢迎提交近期采集的数据,也欢迎提交历史数据。历史数据包括可能尚未按照目前认可的任何标准操作规程采集的数据。

9.4.2 高级(可追溯)常规数据报告

高级数据报告旨在使数据可追溯到它被测量的那个时间。就加入高级数据报告方案而言,除了常规的2级数据外,年度数据提交还包括0级和1级数据,并以相同的方式上传。WDCA主页"提交"选项中包含子菜单"高级数据报告",其中列出了在任何时间均可用的所有0级和1级数据的模板。

9.4.3 近实时数据报告

WDCA-NRT方案的目标是在3 h内收集、处理和发布选定气溶胶仪器类型的数据,目标周转时间为1 h。这项面向未来的服务旨在验证天气预报模式,包括大气气溶胶、空气质量和健康影响的预报产品。这项服务的现有用户包括欧洲中期天气预报中心(ECMWF)和气溶胶观测与模式比较计划(AeroCom)。

WDCA-NRT方案自动收集、处理、筛选和发布数据,不需要常规的人工干预。因此,NRT数据的不确定性高于人工质量控制的常规报告数据,这是可以预见和接受的。目前,支持以下仪器类型:

- 浊度计(气溶胶光散射系数);
- 滤膜吸收光度计(气溶胶光吸收系数);
- 微分/扫描电迁移粒径谱仪(粒径小于800 nm的颗粒物数浓度粒径分布);
- 太阳跟踪滤光片辐射计(大气气溶胶柱光学厚度)。

NRT数据以0级格式提交给WDCA,在WDCA中处理到1.5级并发布。要加入WDCA NRT方案,应执行以下步骤:

- 创建一个自动程序,为目标仪器生成每小时的0级数据文件。这些文件的时间分辨率(数据行之间的间隔)应与正常的0级文件相同,但应在1 h内开始和结束。
- 将这些0级文件的示例发送到ebas@nilu.no以识别错误,并在出现错误时与数据提供者进行迭代。
- WDCA为站点提供一个FTP上传的账户。
- 站点设置并激活一个每小时自动向FTP上传数据的账户。

如需进一步询问如何自动生成0级文件,请直接发送邮件至ebas@nilu.no。

9.5 数据管理、数据发布及用户交互

WDCA一旦接收到提交的定期的年度数据,数据将进入至队列系统等待处理,并最终插入由WDCA负责的EBAS数据库。软件工具检测提交文件中的各种元数据之间以及元数据与数据之间的语法正确性和逻辑一致性,例如,特定矩阵如PM1需要特定类型的进气口,数据部分中使用的缺省值代码应与相应数据列表头中显示的缺省值代码相一致。发现的错误将转发给数据提交者,并请求其更新并重新上传提交数据。在这个过程中累积的所有数据版本都被离线存档。最后,提交的数据在被插入数据库和发布之前,先通过手动图形显示检测,例如,检测未被注意到的异常值。按照指南的原则,如果提交高级可追溯的数据

报告,0 级和 1 级数据将与提交的 2 级数据的离线版本一起离线存档。0 级和 1 级数据版本可通过电子邮件发送至 ebas@nilu.no。

WDCA 支持两种主要的数据发布渠道。

1)Web 界面

WDCA 负责的 EBAS 数据库的网页界面,允许定期访问提交人工质量控制数据(2 级数据)和自动访问处理 NRT 数据(1.5 级数据)。由于 NRT 数据的特殊数据政策,访问数据需要登录(用户名/密码)。EBAS 数据库的网页界面允许按国家、站点、仪器类型和测量组分搜索数据。从搜索结果中,可以选择数据集,设定一个时间段,或可以绘图或下载。所有访问事件(绘图、数据列表、下载)都会被记录,以便按可选条件提供离线访问统计。

2)批量访问

与 GAW 气溶胶计划有一个共同协议的体系和框架,可以批量访问存储的数据。当前实现批量访问的方法如下:

a)用数据中心内部管理工具提取用户定义的数据包,这种方式比网页界面更有效;

b)可通过受密码保护的 FTP 访问预定义的、定期更新的数据包;

c)以超文本传输协议(HTTP)为传输层,通过简单对象访问协议(SOAP)实现机器到机器的接口。

使用这些访问选项的体系和框架包括:

• UNECE 欧洲监测与评估计划(EMEP)的气象综合中心——西部中心(MSC-West)(提供用户定义的数据包);

• 观测和模式之间的气溶胶对比计划(AeroCom)(提供用户定义的数据包);

• 欧洲中期天气预报中心(ECMWF)(由受密码保护的 FTP 提供);

• 美国国家海洋大气局(NOAA)地球系统研究实验室(ESRL)全球监测部(GMD)的气溶胶网(通过 SOAP 进行机器对机器的访问)。

此外,WDCA 还通过提供数据存档和供应服务,协助科学家对区域现象、趋势评估等开展有针对性的研究。

WDCA 主要的用户交互路径是非正式的,由与数据提交者通过电子邮件往来收到的关于迭代数据提交,或者数据用户请求定制的数据提取的建议和意见组成。此外,WDCA 负责的 EBAS 数据库有其自己的固定形式的反馈服务器。

9.6 WDCA 服务展望

WDCA 不断改进其服务,使其适应由于建立 WMO WIS 和 WMO 全球综合观测系统(WIGOS)而引起的数据管理和互操作性方面不断变化的需求。在这项任务中,WDCA 与外部计划合作,目前,最重要的项目是欧盟资助的欧洲大气气溶胶研究超级站点(EUSAAR)、ACTRIS 及其后续项目 ACTRIS-2。其路线图上正在计划实施的专题和服务如下。

1)数据提交门户网站

在这个网页门户网站中,数据提供者将能够在实际提交数据之前,对提交数据的语法正确性和一致性进行检测。门户网站使用的检测软件与数据中心内部使用的提交数据检测软件相同。通过这种方式,缩短了数据提交者获取提交数据反馈的周转时间,同时,解放了数据中心的资源,这一资源可用于其他服务。

2)连接 WIS/元数据服务器

数据中心和数据门户网站之间的互操作性要求,存储的数据可以使用标准一致的元数据服务器搜索和查询。WIS 内部使用 OAI-PMH 元数据服务器作为标准。WDCA 正致力于为其数据库使用这样的服务器,从而正在成为 WIS 数据采集或处理中心(DCPC)。

3)标准一致的机器对机器的数据访问

数据中心和数据门户网站之间的互操作性的第二个组成部分是访问存储的数据。机器对机器的访问应该符合现有的标准。WDCA 正在致力于为其数据存储实现符合开放地理空间联盟(OGC)标准的网页服务。

4)动数据质量评估

经数据提供者或数据中心的人工质量控制的数据,异常值或错误数据仍可能被漏检。WDCA 正在研究两种自动化数据质量控制方法:a)异常值的测试;b)相同采样地点观测结果的一致性,如气溶胶微物理特性与光学特性的闭合试验。

联系人

Dr Markus Fiebig
GAW World Data Centre for Aerosols
Norwegian Institute for Air Research(NILU)
Instituttveien 18
2007 Kjeller
Norway
E-mail:Markus. Fiebig@nilu. no

附录A　特定参数的文件格式模板

世界气溶胶数据中心(WDCA)汇集气溶胶有关参数的数据，并提供数据报告模板。模板本身和气溶胶参数清单是动态变化的。不断扩充模板中的参数清单是为了覆盖GAW气溶胶项目所关注的新的参数，或是已在监测站开始被使用的新的观测方法。为使数据在必要时具有自描述性，或使数据符合因互换产生的归档要求，模板和附加元数据参数需要进行同步更新。

以下给出了当前可用于常规、年度数据报告(2级数据)和高级、可追溯数据报告(0级和1级数据)的模板。这些模板在网址 http://www.gaw-wdca.org/SubmitData.aspx 上可以找到。在网站上也可以查询到特殊采样条件或仪器状态的标识说明清单。

2级模板(常规、年度数据报告)：

- 气溶胶化学成分(气溶胶化学成分监测仪、气溶胶质谱仪)；
- 云凝结核浓度/粒径分布(凝结核计数器(带DMPS))；
- 气溶胶总数浓度(凝结核粒子计数器)；
- 气溶胶数浓度粒径分布，细模态(微分/扫描电迁移粒径谱仪)；
- 气溶胶数浓度粒径分布，粗模态(空气动力学/光学粒径光谱仪)；
- 气溶胶散射系数(积分浊度计)；
- 气溶胶散射系数，依赖于相对湿度(散射湿度计)；
- 气溶胶吸收系数(滤膜吸收光度计)；
- 辐射气溶胶光学厚度；
- 气溶胶质量浓度(称重测量)；
- 气溶胶质量浓度(在线测量)；
- 颗粒态无机化学成分(滤膜采样分析)；
- 颗粒态有机/元素碳(OC/EC)质量浓度(热—光分析)；
- 颗粒态重金属质量浓度(滤膜采样分析)。

0级模板(带注释的原始数据、可追溯数据报告、近实时提交的数据报告)：

- 云凝结核浓度/粒径分布(凝结核计数器(带DMPS))；
- 气溶胶总数浓度(凝结核粒子计数器)；
- 气溶胶数浓度粒径分布，细模态(微分/扫描电迁移粒径谱仪)；
- 气溶胶散射系数(积分浊度计)；
- 气溶胶散射系数，依赖于相对湿度(散射湿度计)；
- 气溶胶吸收系数(滤膜吸收光度计)。

1 级模板(可追溯数据报告):

- 云凝结核浓度/粒径分布(凝结核计数器(带 DMPS));
- 气溶胶总数浓度(凝结核粒子计数器);
- 气溶胶数浓度粒径分布,细模态(微分/扫描电迁移粒径谱仪);
- 气溶胶散射系数(积分浊度计);
- 气溶胶吸收系数(滤膜吸收光度计)。

附录B　最近的GAW报告列表*

149. Comparison of Total Ozone Measurements of Dobson and Brewer Spectrophotometers and Recommended Transfer Functions (prepared by J. Staehelin, J. Kerr, R. Evans and K. Vanicek) (WMO TD No. 1147).
150. Updated Guidelines for Atmospheric Trace Gas Data Management(Prepared by Ken Maserie and Pieter Tans(WMO TD No. 1149).
151. Report of the First CAS Working Group on Environmental Pollution and Atmospheric Chemistry(Geneva, Switzerland, 18-19 March 2003)(WMO TD No. 1181).
152. Current Activities of the Global Atmosphere Watch Programme(as presented at the 14th World Meteorological Congress, May 2003). (WMO TD No. 1168).
153. WMO/GAW Aerosol Measurement Procedures: Guidelines and Recommendations(WMO TD No. 1178).
154. WMO/IMEP-15 Trace Elements in Water LaboratoryIntercomparison(WMO TD No. 1195).
155. 1st International Expert Meeting on Sources and Measurements of Natural Radionuclides Applied to Climate and Air Quality Studies(Gif sur Yvette, France, 3-5 June 2003)(WMO TD No. 1201).
156. Addendum for the Period 2005-2007 to the Strategy for the Implementation of the Global Atmosphere Watch Programme(2001-2007), GAW Report No. 142(WMO TD No. 1209).
157. JOSIE-1998 Performance of EEC OzoneSondes of SPC-6A and ENSCI-Z Type(Prepared by Herman G. J. Smit and Wolfgang Straeter)(WMO TD No. 1218).
158. JOSIE-2000Jülich Ozone Sonde Intercomparison Experiment 2000. The 2000 WMO international intercomparison of operating procedures for ECC-ozone sondes at the environmental simulation facility at Jülich(Prepared by Herman G. J. Smit and Wolfgang Straeter)(WMO TD No. 1225).
159. IGOS-IGACO Report-September 2004(WMO TD No. 1235), 68 pp, September 2004.
160. Manual for the GAW Precipitation Chemistry Programme (Guidelines, Data Quality Objectives and Standard Operating Procedures)(WMO TD No. 1251), 186 pp, November 2004.
161 12th WMO/IAEA Meeting of Experts on Carbon Dioxide Concentration and Related Tracers Measurement Techniques(Toronto, Canada, 15-18 September 2003), 274 pp, May 2005.
162. WMO/GAW Experts Workshop on a Global Surface-Based Network for Long Term Observations of Column Aerosol Optical Properties, Davos, Switzerland, 8-10 March 2004 (edited by U. Baltensperger, L. Barrie and C. Wehrli)(WMO TD No. 1287), 153 pp, November 2005.
163. World Meteorological Organization Activities in Support of the Vienna Convention on Protection of the Ozone Layer(WMO No. 974), 4 pp, September 2005.
164. Instruments to Measure Solar Ultraviolet Radiation: Part 2: Broadband Instruments Measuring Erythemally Weighted Solar Irradiance(WMO TD No. 1289), 55 pp, July 2008, electronic version 2006.
165. Report of the CAS Working Group on Environmental Pollution and Atmospheric Chemistry and the GAW 2005 Workshop, 14-18 March 2005, Geneva, Switzerland (WMO TD No. 1302), 189 pp, March 2005.

* 完整列表请参见：http://www.wmo.int/pages/prog/arep/gaw/gaw-reports.html。

166. Joint WMO-GAW/ACCENT Workshop on The Global Tropospheric Carbon Monoxide Observations System, Quality Assurance and Applications(EMPA, Dübendorf, Switzerland, 24-26 October 2005)(edited by J. Klausen)(WMO TD No. 1335), 36 pp, September 2006.
167. The German Contribution to the WMO Global Atmosphere Watch Programme upon the 225th Anniversary of GAW Hohenpeissenberg Observatory(edited by L. A. Barrie, W. Fricke and R. Schleyer)(WMO TD No. 1336), 124 pp, December 2006.
168. 13th WMO/IAEA Meeting of Experts on Carbon Dioxide Concentration and Related Tracers Measurement Techniques(Boulder, Colorado, USA, 19-22 September 2005)(edited by J. B. Miller)(WMO TD No. 1359), 40 pp, December 2006.
169. Chemical Data Assimilation for the Observation of the Earth's Atmosphere-ACCENT/WMO Expert Workshop in support of IGACO(edited by L. A. Barrie, J. P. Burrows, P. Monks and P. Borrell)(WMO TD No. 1360), 196 pp, December 2006.
170. WMO/GAW Expert Workshop on the Quality and Applications of European GAW Measurements (Tutzing, Germany, 2-5 November 2004)(WMO TD No. 1367).
171. A WMO/GAW Expert Workshop on Global Long-Term Measurements of Volatile Organic Compounds (VOCs)(Geneva, Switzerland, 30 January-1 February 2006)(WMO TD No. 1373), 36 pp, February 2007.
172. WMO Global Atmosphere Watch(GAW) Strategic Plan: 2008-2015(WMO TD No. 1384), 108 pp, August 2008.
173. Report of the CAS Joint Scientific Steering Committee on Environmental Pollution and Atmospheric Chemistry(Geneva, Switzerland, 11-12 April 2007)(WMO TD No. 1410), 33 pp, June 2008.
174. World Data Centre for Greenhouse Gases Data Submission and Dissemination Guide(WMO TD No. 1416), 50 pp, January 2008.
175. The Ninth Biennial WMO Consultation on Brewer Ozone and UV Spectrophotometer Operation, Calibration and Data Reporting(Delft, Netherlands, 31-May-3 June 2005)(WMO TD No. 1419), 69 pp, March 2008.
176. The Tenth Biennial WMO Consultation on Brewer Ozone and UV Spectrophotometer Operation, Calibration and Data Reporting(Northwich, United Kingdom, 4-8 June 2007)(WMO TD No. 1420), 61 pp, March 2008.
177. Joint Report of COST Action 728 and GURME-Overview of Existing Integrated(off-line and on-line) Mesoscale Meteorological and Chemical Transport Modelling in Europe(ISBN 978-1-905313-56-3) (WMO TD No. 1427), 106 pp, May 2008.
178. Plan for the implementation of the GAW AerosolLidar Observation Network GALION(Hamburg, Germany, 27-29 March 2007)(WMO TD No. 1443), 52 pp, November 2008.
179. Intercomparison of Global UV Index from Multiband Radiometers: Harmonization of Global UVI and Spectral Irradiance(WMO TD No. 1454), 61 pp, March 2009.
180. Towards a Better Knowledge of Umkehr Measurements: A Detailed Study of Data from Thirteen Dobson Intercomparisons(WMO TD No. 1456), 50 pp, December 2008.
181. Joint Report of COST Action 728 and GURME-Overview of Tools and Methods for Meteorological and Air Pollution Mesoscale Model Evaluation and User Training(WMO TD No. 1457), 121 pp, November 2008.
182. IGACO-Ozone and UV Radiation Implementation Plan(WMO TD No. 1465), 49 pp, April 2009.
183. Operations Handbook-Ozone Observations with a Dobson Spectrophotometer(WMO TD No. 1469), 91 pp, March 2009.

184. Technical Report of Global Analysis Method for Major Greenhouse Gases by the World Data Center for Greenhouse Gases(WMO TD No. 1473),29 pp,June 2009.
185. Guidelines for the Measurement of Methane and Nitrous Oxide and their Quality Assurance(WMO TD No. 1478),49 pp,September 2009.
186. 14th WMO/IAEA Meeting of Experts on Carbon Dioxide,Other Greenhouse Gases and Related Tracers Measurement Techniques(Helsinki, Finland, 10-13 September 2007)(WMO TD No. 1487), 31 pp, April 2009.
187. Joint Report of COST Action 728 and GURME-Review of the Capabilities of Meteorological and Chemistry-Transport Models for Describing and Predicting Air Pollution Episodes(ISBN 978-1-905313-77-8)(WMO TD No. 1502),69 pp,December 2009,electronic version-July 2009.
188. Revision of the World Data Centre for Greenhouse Gases Data Submission and Dissemination Guide(WMO TD No. 1507),55 pp,November 2009.
189. Report of the MACC/GAW Session on the Near-Real-Time Delivery of the GAW Observations of Reactive Gases, Garmisch-Partenkirchen, Germany, 6-8 October 2009(WMO TD No. 1527), 31 pp, August 2010.
190. Instruments to Measure Solar Ultraviolet Radiation Part 3: Multi-channel filter instruments(lead author: G. Seckmeyer)(WMO TD No. 1537),55 pp,November 2010.
191. Instruments to Measure Solar Ultraviolet Radiation Part 4: Array Spectroradiometers(lead author: G. Seckmeyer)(WMO TD No. 1538),43 pp,November 2010.
192. Guidelines for the Measurement of Atmospheric Carbon Monoxide(WMO TD No. 1551), 49 pp, July 2010.
193. Guidelines for Reporting Total Ozone Data in Near Real Time(WMO TD No. 1552),19 pp,April 2011 (electronic version only).
194. 15th WMO/IAEA Meeting of Experts on Carbon Dioxide,Other Greenhouse Gases and Related Tracers Measurement Techniques(Jena, Germany, 7-10 September 2009)(WMO TD No. 1553), 330 pp, April 2011.
195. WMO/GAW Expert Workshop on Global Long-term Measurements of Nitrogen Oxides and Recommendations for GAW Nitrogen Oxides Network(Hohenpeissenberg, Germany, 8-9 October 2009)(WMO TD No. 1570),45 pp,February 2011.
196. Report of the Second Session of the CAS JSC OPAG-EPAC and GAW 2009 Workshop(Geneva,Switzerland,5-8 May 2009)(WMO TD No. 1577).
197. Addendum for the Period 2012-2015 to the WMO Global Atmosphere Watch(GAW) Strategic Plan 2008-2015,57 pp,May 2011.
198. Data Quality Objectives(DQO) for Solar Ultraviolet Radiation Measurements(Part I). Addendum to WMO/GAW Report No. 146-Quality Assurance in Monitoring Solar Ultraviolet Radiation: State of the Art(electronic version only).
199. Second Tropospheric Ozone Workshop. Tropospheric Ozone Changes: observations, state of understanding and model performances(Météo France, Toulouse, France, 11-14 April 2011), 226 pp, September 2011.
200. WMO/GAW Standard Operating Procedures for In-Situ Measurements of Aerosol Mass Concentration, Light Scattering and Light Absorption(Edited by John A. Ogren),134 pp,October 2011.
201. Quality Assurance and Quality Control for Ozonesonde Measurements in GAW(Prepared by Herman Smit and ASOPOS Panel),95 pp,October 2014.
202. Workshop on Modelling and Observing the Impacts of Dust Transport/Deposition on Marine Productiv-

ity(Sliema,Malta,7-9 March 2011),50 pp,November 2011.

203. The Atmospheric Input of Chemicals to the Ocean. Rep. Stud. GESAMP No. 84/GAW Report No. 203. 69 pp. (ISSN:1020-4873).

204. Standard Operating Procedures(SOPs) for Air Sampling in Stainless Steel Canisters for Non-Methane Hydrocarbons Analysis(Prepared by Rainer Steinbrecher and Elisabeth Weiß),25 pp. September 2012.

205. WMO/IGAC Impacts of Megacities on Air Pollution and Climate,309 pp. September 2012(ISBN:978-0-9882867-0-2).

206. 16th WMO/IAEA Meeting of Experts on Carbon Dioxide,Other Greenhouse Gases and Related Tracers Measurement Techniques (GGMT-2011), Wellington, New Zealand, 25-28 October 2011, 67 pp, October 2012.

207. Recommendations for a Composite Surface-Based Aerosol Network,Emmetten,Switzerland,28-29 April 2009,66 pp. November 2012.

208. WMO GURME Workshop on Urban Meteorological Observation Design(Shanghai,China,11-14 December 2011).

209. Guidelines for Continuous Measurements of Ozone in the Troposphere(Prepared by Ian E. Galbally and Martin G. Schultz),80 pp,February 2013(WMO-No. 1110,ISBN:978-92-63-11110-4).

210. Report of the Third Session of the CAS Joint Scientific Committee of the Open Programme Area Group on Environmental Polllution and Atmospheric Chemistry(JSC OPAG-EPAC)(Geneva,Switzerland,27-29 April 2011)(electronic version only).

211. Rationalizing Nomenclature for UV Doses and Effects on Humans (CIE209: 2014/GAW Report No. 211)(ISBN:978-3-902842-35-0).

212. Standard Operating Procedures(SOPs)for Spectral Instruments Measuring Spectral Solar Ultraviolet Irradiance,21 pp. June 2014.

213. 17th WMO/IAEA Meeting on Carbon Dioxide,Other Greenhouse Gases and Related Tracers Measurement Techniques(GGMT-2013)(Beijing,China,10-13 June 2013),168 pp. July 2014.

214. Report of the GAW 2013 Symposium and the Fourth Session of the CAS JSC OPAG-EPAC,Geneva,Switzerland,18-20 March 2013,82 pp,October 2014.

215. Report of the First Session of the CAS Environmental Pollution and Atmospheric Chemistry Scientific Steering Committee(EPAC SSC)(Geneva, Switzerland, 10-12 June 2014), 32 pp. December 2014.

216. Seventh Intercomparison Campaign of the Regional Brewer Calibration Center Europe(RBCC-E), Lichtklimatisches Observatorium,Arosa,Switzerland,16-27 July 2012,106 pp. March 2015.

217. System of Air Quality ForecastingAnd Research(SAFAR-India),60 pp. June 2015.

218. Absorption Cross-Sections of Ozone(ACSO),Status Report as of December 2015.

219. Izaña Atmospheric Research Center,Activity Report 2012-2014,157 pp. June 2015.

220. Report of the Second Session of the CAS Environmental Pollution and Atmospheric Chemistry Scientific Steering Committee(EPAC SSC),Geneva,Switzerland,18-20 February 2015,54 pp. June 2015.

221. Report for the First Meeting of the WMO GAW Task Team on Observational Requirements and Satellite Measurements(TT-ObsReq)as regards Atmospheric Composition and Related Physical Parameters, Geneva,Switzerland,10-13 November 2014,22 pp. July 2015.

222. Analytical Methods for Atmospheric SF6 Using GC-μECD,World Calibration Centre for SF6 Technical Note No. 1. ,47 pp. September 2015.

223. Eighth Intercomparison Campaign of the Regional Brewer Calibration Center for Europe(RBCC-E),El Arenosillo Atmospheric Sounding Station,Heulva,Spain,10-20 June 2013,79 pp. December 2015.

224. Ninth Intercomparison Campaign of the Regional Brewer Calibration Center for Europe(RBCC-E),Lich-

tklimatisches Observatorium, Arosa, Switzerland, 24-26 July 2014, 40 pp. December 2015.

225. WMO/UNEP Dobson Data Quality Workshop, Hradec Kralove, Czech Republic, 14-18 February 2011, 32 pp. April 2016.

226. Coupled Chemistry-Meteorology/Climate Modelling (CCMM): Status and relevance for numerical weather prediction, atmospheric pollution and climate research, Geneva, Switzerland, 23-25 February 2015(WMO No. 1172, WCRP Report No. 9/2016), ISBN: 978-92-63-11172-2, 165 pp. May 2016.